国家地理
奇妙昆虫全书

［美］乔尔·萨托（Joel Sartore） 著

余文博 译

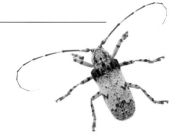

江苏凤凰科学技术出版社·南京

江苏省版权局著作权合同登记 图字：10-2023-337

图书在版编目（CIP）数据

国家地理奇妙昆虫全书 / （美）乔尔·萨托著 ; 余文博译 . — 南京 : 江苏凤凰科学技术出版社 , 2024.7
ISBN 978-7-5713-4414-6

Ⅰ . ①国… Ⅱ . ①乔… ②余… Ⅲ . ①昆虫 - 世界 - 摄影集 Ⅳ . ① Q968.21-64

中国国家版本馆 CIP 数据核字 (2024) 第 109426 号

国家地理奇妙昆虫全书

作　　　者	［美］乔尔·萨托（Joel Sartore）
译　　　者	余文博
责 任 编 辑	沙玲玲
助 理 编 辑	赵莹莹
责 任 校 对	仲　敏
责 任 监 制	刘文洋

出 版 发 行	江苏凤凰科学技术出版社
出版社地址	南京市湖南路 1 号 A 楼，邮编：210009
出版社网址	http://www.pspress.cn
印　　　刷	上海当纳利印刷有限公司

开　　　本	889mm×914mm 1/12
印　　　张	17
插　　　页	4
字　　　数	200 000
版　　　次	2024 年 7 月第 1 版
印　　　次	2024 年 7 月第 1 次印刷

标 准 书 号	ISBN 978-7-5713-4414-6
定　　　价	128.00 元（精）

图书如有印装质量问题，可随时向我社印务部调换。

Photo
Ark
Insects

上图　马赛阔凤蝶（*Eurytides marcellus*）
扉页图　石纹污天牛（*Moechotypa marmorea*）

前 言

我是怎样与昆虫结缘的

我想我得坦白一件事儿。

我有一个位于美国内布拉斯加州东部的农场，几年前，我故意荒废了其中一块 18 公顷的农田。要知道，那可不是个小数字。那片原本长满玉米和豆类作物的地方被我改种了高大的本土草木。

这片土地地势陡峭，本就不该被开垦，这些新的植被将有助于固定这里的土壤。尽管如此，我这项小小的"草原实验"还是在当地农民中引起了不小的震动，他们认为这一行为简直是个天大的丑闻。

"就这样把钱扔在地里，你可是够闲的"，一位农民对我挖苦道，"真是浪费啊！"

哈，他要是知晓我真正的动机，恐怕会更加震惊吧。我这么做实际上是想吸引一些蝴蝶。

几年前在墨西哥中部一座山的山顶，我经历了近乎圣景降临般的神圣时刻。那天黎明前，我骑着一头租来的骡子登上了山。在雾气缭绕中，我静静地站在那里，眼前古老的冷杉上坠满了帝王蝶，它们的数量多到惊人，连树枝都被压弯了。天呐！你能想象要多少只蝴蝶才能压弯一根树枝吗？

太阳终于蓬勃而出之时，数百万个耀眼的橙色斑点从树上猛然爆发出来，像一场巨大的橙色风暴，在我周围上升、下落、旋转。那个瞬间，我觉得自己仿佛回到了五岁光景。

左页图 帝王蝶（*Danaus plexippus*）

5

但现在却有人告诉我们，这般的自然奇观可能即将从这个世界上消失。

为什么呢？

要找出背后的原因其实并不难。我们可以将帝王蝶种群规模的缩减主要归咎于它们赖以生存的栖息地的急剧衰退。

这种迁徙性的帝王蝶种群只在我曾游览过的墨西哥过冬。之后，它们会横穿北美大陆，北上飞往美国的大平原，继续它们的生命之旅。沿途，这些帝王蝶会停在产蜜植物上歇歇脚，这些植物能够为它们提供食物。最终，它们来到寄主植物乳草（马利筋属植物）丛生的地方产卵。以前，乳草资源是非常丰富的，但现在我们已经越来越难找到它们了。在美国，我们的社会沉迷于"喷药文化"，人们对农药有着近乎狂热的痴迷。说到底，罪魁祸首还是我们人类。

每个人其实都能为改善帝王蝶的处境做出一点贡献。如果你居住在美国，可以选择种植一些原生植物，就像我把农田恢复成本土草原那样。上面这些长篇大论是我对邻居们负面评论的回应。仔细想想，面对这么受人喜爱却岌岌可危的昆虫，我们却对它们的处境视而不见，眼睁睁看着它们灭绝，那才真是最大的浪费呢。

几年前做出那个决定时，我心里想的只是拯救一种昆虫——一种我们都熟悉和喜爱的美丽蝴蝶而已。但自那以后，这些年来拍摄各种动物的经历使我逐渐意识到，问题已愈发严重。我们能否团结起来，保护像帝王蝶那样光彩夺目的旗舰物种？至于昆虫王国的其他成员，我们人类又愿意付出何种努力去维护它们的种群呢？

我还没有知晓全部的答案，但我能确定的是：昆虫拯救了我。

多年来，我每年有一半以上的时间在世界各地的动物园和野生动物保护中心之间奔波。但在 2020 年的春天，我不得不停下来，"影像方舟"项目也第一次陷入了停滞不前的窘境。

居家的日子仿佛永无止境，我整夜辗转反侧，难以入眠。我通常在清晨 5 点钟左右走出家门去拿早报，这时天还没亮。有天早晨，我不过是偶然间抬头一瞥，居然在我家门廊这样一个平凡的地方得到了某种启示。

我看到各式各样的飞蛾不停地飞舞盘旋，像围绕着原子核疾驰的电子一般。生物多样性就这样以一种令人惊叹的方式，被直观地呈现在我的眼前：墙壁、柱子、窗户和门上都爬满了天牛、叶蝉、螽斯、瓢虫、蜘蛛以及苍蝇，螳螂则在四周伺机捕捉它们作为果腹的食物。

此情此景下，我有了灵感：既然我不能随意外出，那我为什么不试着拍摄那些主动来到我身边的小生命呢？

我的后院和花园里肯定还藏着更多的宝藏。当天晚上，我便着手在后廊挂起了一条床单，打开了一盏摘掉了灯罩的台灯。很快，床单就变成了灰色，上面落满了成千上万只小蠓、蛉和蚊子。第二天晚上，我挂起了两条床单，一条对准了一盏明亮的卤素灯，另一条则对准了一盏紫外灯。

没过多久，我就看到了几十种之前从未见过的新物种。我不知道原来这里有这么多种小飞蛾，这可能要归功于那片我没有用农药去"整治"的小小土地。原来，这些小生命一直都在那里，默默地等待着我去发现。

坦白地说，在此之前，我对昆虫的关注仅停留在那些光鲜亮丽的种类上。我曾在世界各大动物园中拍摄过五彩斑斓的蝴蝶和甲虫。相比之下，每夜在门廊呈现的却是另一番景象：那是一团充满随机的混沌，但能够驱动这个世界的运转。这些生物大多看起来微小而普通，但它们却是食物链的基石，维持着这颗星球上几乎每一个生态系统的正常运转。

当我把镜头靠得足够近时，我忽然意识到，它们看上去像是外星生物。原来在我的身边就有这么多不同的物种，可惜的是，我对它们的身份几乎是一无所知，这是个大问题。"影像方舟"项目不仅为每种动物标注了准确的通俗名和科学分类学名，更乐于与读者分享每个物种背后的自然历史知识，我们一

葡萄丽金龟（*Pelidnota punctata*）

直以此为傲。

我急需昆虫学家的帮助。

我给一位本地的昆虫学家发电子邮件求助，他立刻回复："这儿没有人比洛伦·帕德尔福德和芭布丝·帕德尔福德更懂昆虫，他们夫妇二人对小型蛾类尤为在行。"这简直就是天作之合。

我给他们打了一通电话作自我介绍，随后便驱车前往他们的住处。那里距离我家约有 1 小时的车程，位于一处可以俯瞰密苏里河的陡崖之上。我把一本"影像方舟"的书放在他们的门廊上，按了按门铃，然后退到了一旁。过了一会儿，一对古稀老人开门走了出来，他们的 T 恤上印有"飞蛾狂欢"的字样。他们惊讶于我居然从未听闻过飞蛾狂欢这个活动。"这可是北美规模最大的年度蛾类大会！"洛伦高兴地叫道。

看来我确实找对人了。

为了保持社交距离，我只能站在远处，同他们在初春的寒风中畅谈。我表示我急需昆虫学家的帮助，需要他们帮我鉴别我捕获和拍摄到的每一只昆虫，而且需要从现在起一直工作到深秋。我的提议同时也附带了一个小警告。"你知道当你游泳去救一个溺水者时会发生什么吗？"我说道，"他往往会把你也拉下水。"

他们不仅没有被吓到，反而觉得这个溺水者的比喻很有趣。他们愿意加入。

现在，我有了坚实的后盾，确信能为大平原的各种昆虫解开身份之谜，便立即开始四处走访。首当其冲的就是我们拥有的一片城边的土地，在森林与草原的交会处。当太阳逐渐西沉，我支起了四块白布，用便携式发电机来提供点灯所需的电力。我用彩虹糖"贿赂"我的儿子斯潘塞，让他陪我一同前往。到了午夜，我们发现了更多新的物种，包括夜间飞行的蜜蜂、微小的叶蝉、巨大的蜻蜓，以及吵闹的蝉。

到了第二周，我将目标转向了附近一片鱼塘的岸边。我挂起了四块白布，3 小时里我陆续发现了数十种依赖水体生

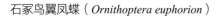

石冢鸟翼凤蝶（*Ornithoptera euphorion*）

活的物种，包括石蛾、蜉蝣、豆娘以及鱼蛉。尽管这片土地在百年前就因犁铧翻覆改变了面貌，如今更是被从东到西、从南到北肆意地喷洒各种农药，其中竟仍藏匿着无穷无尽的生物多样性。

在每个夜晚的采集之行中，我们会将捕获的每只昆虫单独装入空的花生酱瓶子或果冻罐里，然后带它们回到我的工作室进行拍摄。所有昆虫都会被放入我的布制拍摄帐篷内，这样既能困住这些小家伙，以免它们到处乱跑，又能柔化光线。我常常需要把整个上半身探进帐篷，就是为了凑近它们来拍摄那些令人惊叹的微距特写。我可以证实，黄蜂可一点也不好对付。

我每小时只能完成大约 10 个物种的拍摄任务，因此这项工作经常会持续到深夜，有时候我不得不躺在地板上打个盹。我需要在太阳升起之前，尽可能将每一个物种都拍摄完并放归野外。

大约一个月后，我发现我拍到的物种里，重复出现的物种越来越多，于是帕德尔福德夫妇建议我随他们一同前往他们最钟爱的几处采集飞蛾的宝地。我在艾奥瓦州勒斯山的河边悬崖上与他们会面，河对岸就是内布拉斯加州。这两位是真正的行家，他们只铺开了一块崭新的白色布单，然后打开了一个精致的木盒，里面是一盏高功率灯泡。这简直就是一种充满自信的"炫技"。

他们将这块白布悬挂在两棵树之间，用绳子牢牢地绑住，接着将灯泡放在地面的底座上，然后就任由大自然书写奇迹。他们慢条斯理，对每一只飞来的昆虫都充满了兴趣。他们在白布下面整齐地摆放了几本昆虫参考书。洛伦和芭布丝仿佛是两位来自"昆虫大学"的教授，从头到脚都爬满了昆虫。

太阳落山 3 个小时后，我们收工了。他们两人将灯泡小心地放回木盒中，将白布如同军葬上的国旗一般郑重地叠整齐，然后踏上了归途。单凭一块布，他们捕获的昆虫数量便与我用四块布捕获的不相上下，而且效率高得多。我确实是在向最高明的老师学习。

而后，我们去了堪萨斯州马里斯维尔附近的一个自然保护区，然后是内布拉斯加州东南部的印第安洞穴州立公园。这两个采集点距离我家都只有几小时车程。有时我会直接在现场拍摄照片，昆虫的新种类很多，让我应接不暇。

"事实上，我们的生存依赖于无脊椎动物，而它们却并不需要我们。假如人类明日灰飞烟灭，世界仍将运转如常。但若是无脊椎动物一夜之间消失，人类在这个星球上继续存活哪怕只是几个月都成问题。"

——爱德华·O·威尔逊，
《主宰世界的小东西》，1987年

随着时间的推移，我开车去往更远的采集点。首先是内布拉斯加州的沙丘区，那里的牛群在没有施用农药的原生草原上自由自在地吃草，司机们在高速公路上行驶时还需要清理挡风玻璃上的昆虫碎片。多年前，在高速公路上开车时，人们都会遇到这样的情况，但我已经没有这种"困扰"很久了。

我的下一站是我们在明尼苏达州北部的小木屋，我在那里为一些适应寒冷气候的大型蛾类拍了照片。其中有些蛾子体态蓬松，像穿着毛皮大衣，还有些种类则在模仿树皮，它们体形硕大，几乎有我的手掌那么宽。顺便说一句，我发现蛾子其实是极佳的拍摄对象，它们在感到安全的时候，就会纹丝不动。

我最冒险的一次旅程是在2020年的深秋，从穿越科罗拉多州的东南部开始。白天，我在路边用捕虫网收集昆虫，这里的路边零星地长着干旱地区常见的丝兰植物。到了晚上，我就驾车西行到新墨西哥州圣达菲，在我朋友空置的一间客房里休息。

高原荒漠和山谷溪流中的昆虫群落与大平原截然不同。有一天晚上，我在一位朋友的帮助下在河边采集昆虫，大量低飞的蝙蝠在我的灯光下狂欢，捕食被灯光诱来的蛾子。那里有一种昆虫极为独特，尽管我第一次看到它时并未察觉。

我在新墨西哥州的首次夜间拍摄中，记录到一只中等大小、花纹斑驳的棕色蛾子，它头朝下，试图在我的黑白背景板上藏身，但并没有成功。后来我才了解到，这种蛾子之前从未被拍到过活体照片。

"我们等你这张照片至少有130年了！"一个在线昆虫参考网站的人们如是说。这个物种非常稀有，在我们公开照片之前很久，专家们就为它起好了通俗名——"长齿镖蛾"。对昆虫学家来说，拍到这张活体照片可是件大事儿。遗憾的是，那只蛾早已翩翩起舞，消失在了黎明前的星空之中，就如同其他的昆虫一样。

从数据上看，"昆虫之年"的成绩远超预期，我拍摄了多达 905 个不同的物种。结果证明，居家的生活歪打正着地造就了"影像方舟"项目迄今为止最丰收的一年。而次年还有更多的收获，"影像方舟"项目新增的昆虫物种总数突破了一千大关。

回首往事，这些数字的达成也离不开我的家人，我很感激他们对我新"癖好"的包容，也很庆幸能有更多的时间待在家里。更重要的是，我对所有的昆虫，甚至是那些会叮人的家伙，有了全新的、深刻的认识和尊重。

大多数人可能并未意识到，如果这个世界上没有无脊椎动物，人类的生存将岌岌可危。例如，本土蜂类会给我们的果蔬授粉，蚂蚁则负责清扫一切混乱。昆虫还能够自我调控数量，虽然这一过程略显残酷。例如，寄生性的蜂类喜欢落在肥硕的毛毛虫身上，向其体内注入蜂卵，这些卵很快就会孵化并开始从内部吞噬其寄主，这并非出于"个人恩怨"。

别忘了，昆虫构成了食物链的基底，高于它们的所有生物都依赖昆虫而生存。没有昆虫，大多数幼鸟甚至无法离巢。即使是黄石公园的灰熊，如果在秋天没有吃掉数以万计的行军切夜蛾幼虫来补充脂肪储备，也会饿死在寒冬中。

如今，我的便携式发电机早已停止运转，所有的采集罐也都收入了储藏室。我常常会思考这些问题：我们能否更加善待那些微不足道的生命？我们在公园、草坪和农田中能否停止滥用致命的杀虫剂？我们能否在世界上保留一些未被破坏的角落，让昆虫在湿地、草原、高山草甸和海边自由地繁衍生息？我们能否明白，要尽可能保持空气、土壤和水的清洁应当是再简单不过的共识？

人类的未来正取决于这一点。

艾欧天蚕蛾（*Automeris io*）幼虫

我们可以在公园、学校和商业区的绿化范围内，种植吸引蝴蝶的植物，也可以在自家的庭院，甚至是城市里的窗台花盒中，种植本土植物。种一棵适应本地生长环境的原生植物吧！避开那些花哨的、不易产生花粉或花蜜的异域杂交花卉品种，如果能选择从四月到十月依次盛开的花卉组合就更好了。这不仅对蝴蝶有益，也同样有利于蜜蜂、甲虫甚至是所有昆虫的生存，它们能够为我们的农作物授粉，供养野生鸟类，以此维系生命之轮的永恒流转。

所以，一起行动吧。保持你的好奇心。下次看到一只苍蝇或蚂蚁时，不要急着驱赶或踩死它，而是更加仔细地观察它，试着去了解这个经过大自然亿万年雕琢的小小生命，要知道它们正在努力地守护着整个星球的生态平衡。

做一个富有创意、尊重生命的英雄吧。种下一片希望，打造一个助益传粉昆虫的花园，让你的院子远离化学药品的污染。购买有机产品，关心所有种类的昆虫，并把这份关心讲给身边的人，向他们解释你竭尽全力去拯救它们的原因。最重要的是，号召你的邻居在使用杀虫剂时有所节制。

还需要更多的理由吗？那么，在任何一个温暖的夏夜，走到户外，抬头仰望，你会看到一群飞蛾如群星般围绕着你门廊的灯光——那个人造的太阳——盘旋飞舞。它们是来自另一个世界的信使，默默地提醒着我们，它们对我们有多么重要。

墨西哥火脚捕鸟蛛（*Brachypelma boehmei*）

CONTENTS / 目 录

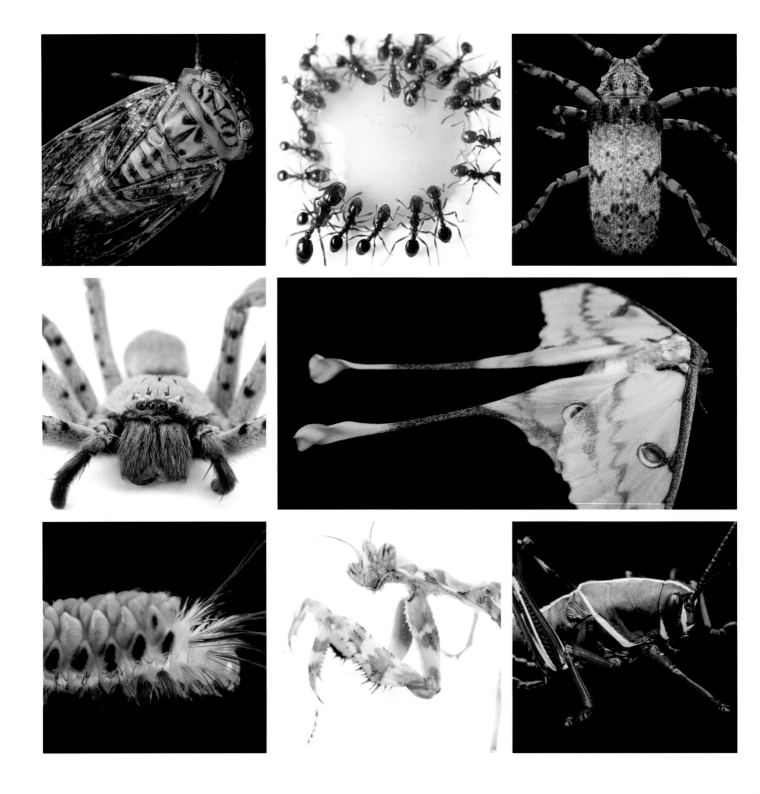

何为昆虫？

这是它们的世界

　　从数量上看，昆虫是地球的霸主。目前我们已识别并命名的昆虫有近百万种，占据了地球上所有动物物种数量的三分之二以上。且据估计，尚未被我们发现的昆虫种类可能会使昆虫的总物种数翻倍。如果从个体数量来看，算上每一只蚂蚁和苍蝇，昆虫的数量更是天文数字，高达 10 的 19 次方（也就是 1 后面跟 19 个零）。倘若再加上其他的非昆虫节肢动物，如蜘蛛、蜈蚣、马陆、蜱虫、蝎子，甚至鲎，这个数字会更加庞大。

　　昆虫遍布地球上几乎每一个角落。它们在热带地区的分布密度可谓传奇：在 2012 年的一项研究中，科学家们仅在巴拿马雨林的一亩土地上就识别出了超 1 000 个昆虫物种。与此同时，昆虫还在其他方面登峰造极。有一种无翼蠓是南极洲最大的纯陆栖物种，这是一种小型飞虫，它们的生存方式非常独特，一年中有 8 个月都是被冻住的。

　　然而，尽管数量庞大、分布广泛，世界上的昆虫却面临着严峻的危机。农药、乱砍滥伐、城市扩张和全球气候变化，这些因素已经让昆虫走到了生存的边缘。这些微小的生物需要我们的援助，它们值得我们给予更多的关注。

本页图　褐带皮蠊（*Supella longipalpa*）
左页图　华莱士异花金龟（*Ischiopsopha wallacei yorkiana*）

何以称之为昆虫？

六足、三体节、外骨骼，这些核心特征构成了昆虫的基本定义。与其有关的类群，包括多足类（例如蜈蚣和马陆）和蛛形纲（例如蜘蛛、蝎子和蜱虫），虽然在腿或其他身体结构的数量及构造上有所不同，但都属于无脊椎动物。它们没有脊椎，身体靠外部的几丁质体壁"护甲"支撑，这种护甲通过蛋白质得以强化。

每个昆虫的躯体都由头部、胸部和腹部三大部分构成。头部承载着关键的感觉器官：眼睛、口器和触角。胸部连接着腿和丰富的肌肉，一些具翅昆虫的胸部还连接着翅膀。腹部是昆虫身体上最主要的部分，容纳了消化、生殖和呼吸系统。

昆虫学家通过昆虫的目来进行物种识别和分类，这是生物分类系统中高于属和种的一个层级。蜜蜂、蚂蚁、胡蜂属于膜翅目（Hymenoptera），蚱蜢、蟋蟀和螽斯属于直翅目（Orthoptera），蝴蝶和飞蛾属于鳞翅目（Lepidoptera）。同一目内的物种在物理形态和行为特征上具有一定的共性，并且可能源自共同的祖先。

左图 休斯敦动物园保存的一组冷冻的昆虫尸体。应美国农业部的要求，各动物园需要保存冷冻的昆虫群体样品，用于监控园内昆虫的存量。这个小群体展示了节肢动物世界在色彩和体躯结构上的多样性。

库克海峡巨沙螽（ *Deinacrida rugosa* ）

在新西兰的群岛上，直到最近才有除蝙蝠之外的哺乳动物出现。在这样独特的生态环境里，有一种昆虫叫作沙螽，它们与螽斯有着极为紧密的亲缘关系，演化出了足有人手大小的体型。

本页图　苜蓿盲蝽（*Adelphocoris lineolatus*）

右页图

上（左至右）

多疣炭甲（*Asbolus verrucosus*）

绿猎巨蟹蛛（*Heteropoda boiei*）

杰氏棒尾蝎（*Babycurus jacksoni*）

中　美国珈蟌（*Hetaerina americana*）

下（左至右）

龙虱（*Thermonectus nigrofasciatus*）

小天使翠凤蝶（*Papilio palinurus*）

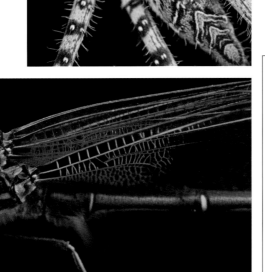

四海为家

　　昆虫体型娇小，繁殖迅速，食性广泛，几乎渗透到了地球上的每一个角落。无论湿润还是干燥，炎热还是寒冷，阳光明媚还是阴暗幽深，陆地环境还是淡水环境，它们都能立足。就连在盐水环境中，节肢动物也能茁壮成长。

　　这个统计数据或许能让你更直观地感受昆虫在全球范围内取得的成功。以重量来计算的话，全球昆虫重量的总和竟然有全人类的 300 倍之多。而且每年，鸟类会吃掉 4 亿 ~ 5 亿吨的昆虫。

　　昆虫部分身体的化石记录可以追溯到超 4 亿年前。最古老的一件具有完整翅膀的昆虫化石标本更是有着 3.3 亿年的历史。昆虫或许是最早从海洋登上陆地的动物类群之一。

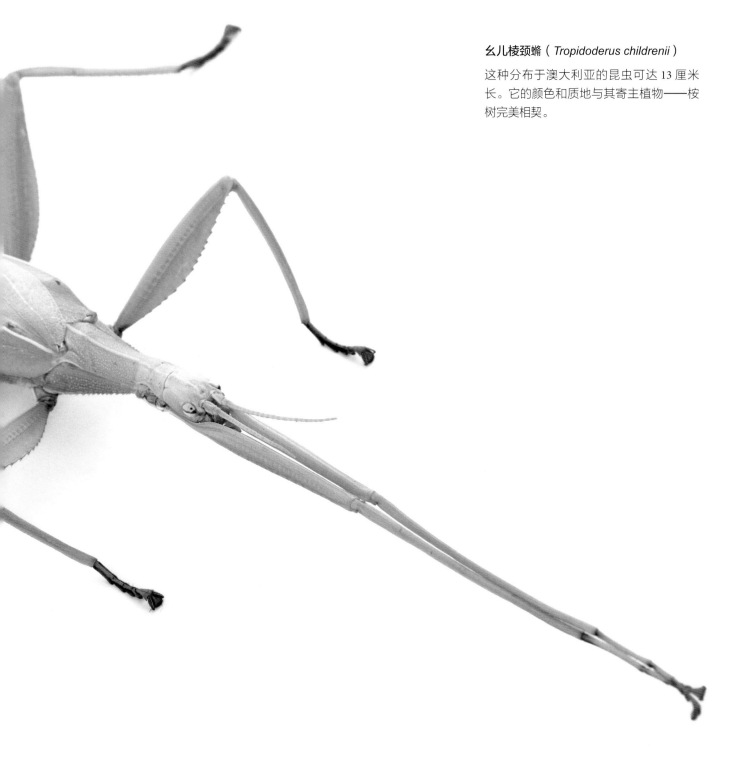

幺儿棱颈䗛（*Tropidoderus childrenii*）

这种分布于澳大利亚的昆虫可达13厘米长。它的颜色和质地与其寄主植物——桉树完美相契。

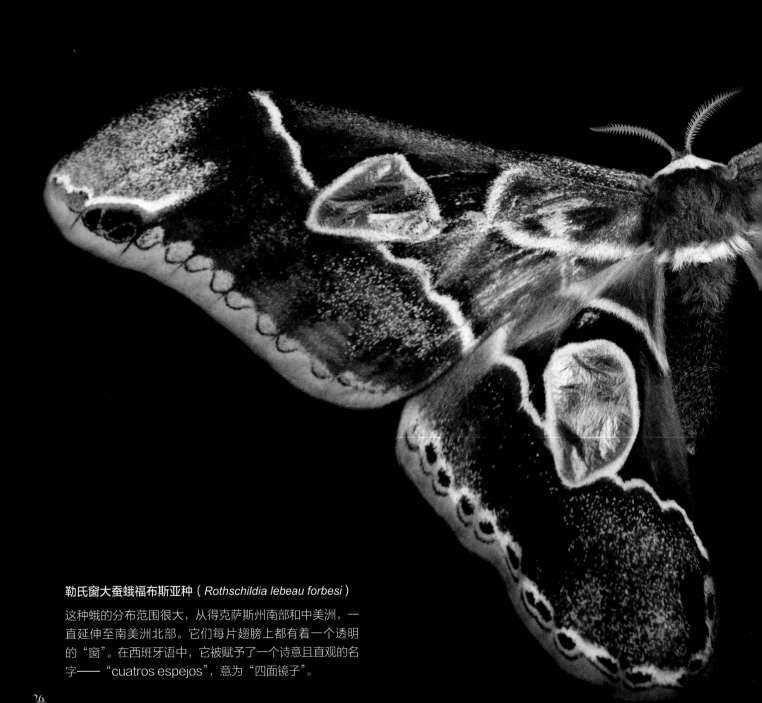

勒氏窗大蚕蛾福布斯亚种（*Rothschildia lebeau forbesi*）

这种蛾的分布范围很大，从得克萨斯州南部和中美洲，一直延伸至南美洲北部。它们每片翅膀上都有着一个透明的"窗"。在西班牙语中，它被赋予了一个诗意且直观的名字——"cuatros espejos"，意为"四面镜子"。

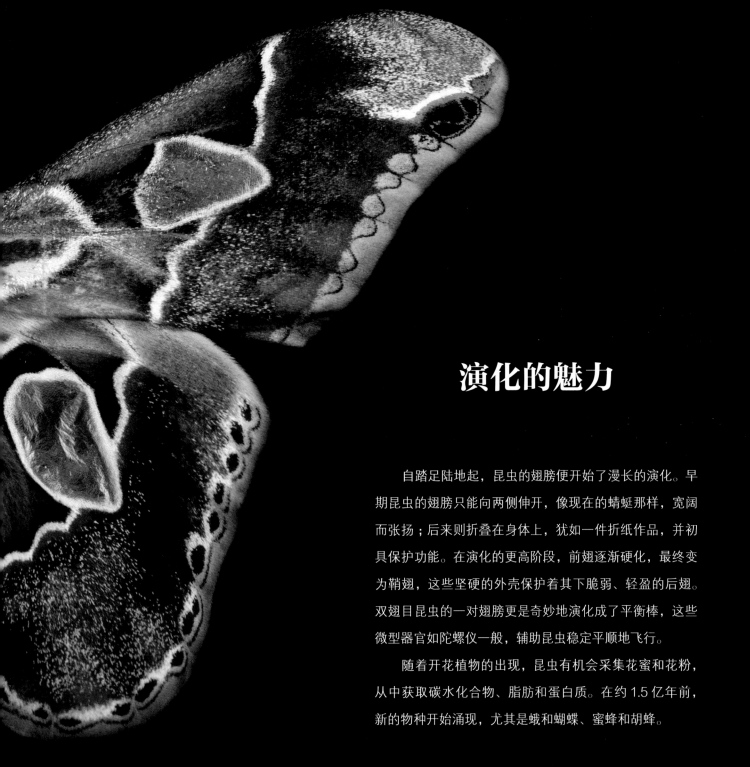

演化的魅力

　　自踏足陆地起，昆虫的翅膀便开始了漫长的演化。早期昆虫的翅膀只能向两侧伸开，像现在的蜻蜓那样，宽阔而张扬；后来则折叠在身体上，犹如一件折纸作品，并初具保护功能。在演化的更高阶段，前翅逐渐硬化，最终变为鞘翅，这些坚硬的外壳保护着其下脆弱、轻盈的后翅。双翅目昆虫的一对翅膀更是奇妙地演化成了平衡棒，这些微型器官如陀螺仪一般，辅助昆虫稳定平顺地飞行。

　　随着开花植物的出现，昆虫有机会采集花蜜和花粉，从中获取碳水化合物、脂肪和蛋白质。在约 1.5 亿年前，新的物种开始涌现，尤其是蛾和蝴蝶、蜜蜂和胡蜂。

墨西哥红脚捕鸟蛛（*Brachypelma emilia*）

一只活的捕鸟蛛（见页面中部）正安坐在它蜕下的旧皮之中，一些蜕下的皮甚至仍保持着本来的形态。

非昆虫者

我们常将许多小生物习惯性地统称为"虫子",但若它们没有明显的"两个3"特征,即3个主要的体躯结构与3对足,那么就大概率不是昆虫。我们认为与昆虫有关的大多数生物确实都属于节肢动物门,但节肢动物门不仅包括昆虫,还有螨、蜘蛛、蝎子、蜈蚣和马陆、龙虾、小龙虾、螃蟹,以及许多其他种类的动物。

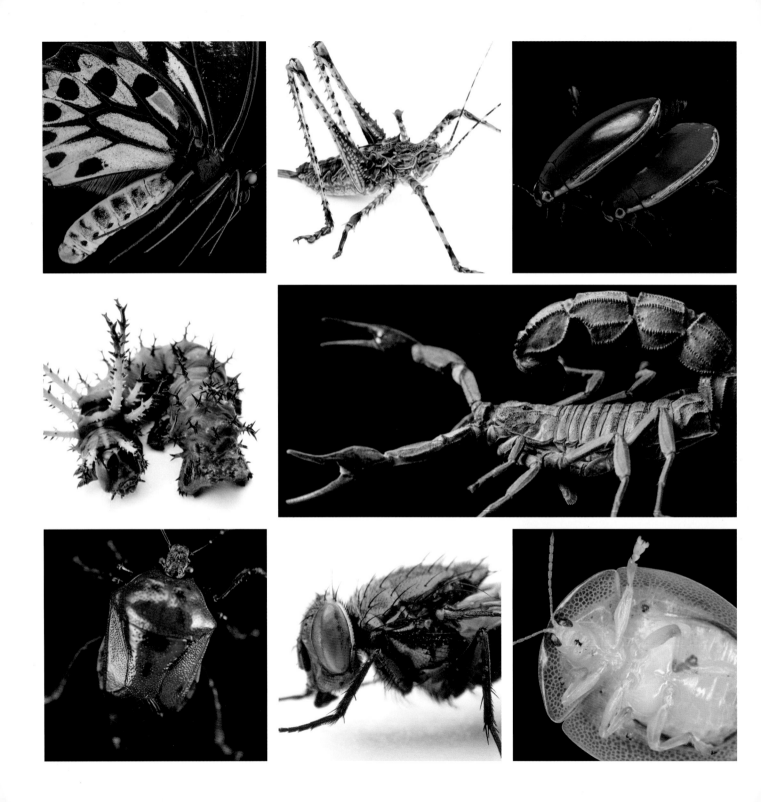

千奇百怪的体躯结构

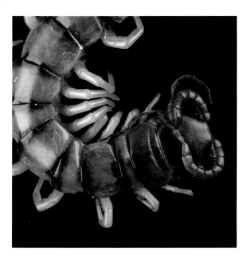

多样的构造

　　所有昆虫都具有一些共同的关键结构特征，在此基础上，它们于演化中各展拳脚，走上了不尽相同的道路。它们的身体部位虽然名称相同，但形态各异，千姿百态。昆虫的眼各具特色。有的昆虫有不止两只眼睛，有的昆虫则具有复合的眼睛，由多个透镜似的小眼组合成为复眼。有的昆虫眼位于头顶，有的则在头部的两侧，或者向上、向下或向前偏。根据钟爱的食物，它们的口器也有相应的适应性分化：长而优雅的管喙状口器（即虹吸式口器）用于吸食花蜜，锋利、分叉的颚（即咀嚼式口器）则用于捕捉猎物。多样的触角能够帮助昆虫通过空气感知世界：有的触角质感光滑，有的则是毛茸茸的，有的呈锯齿状，有的则像羽毛一样轻盈。大多数昆虫都有坚韧而灵活的翅膀用于飞行。同样，它们的后端附肢也是形状各异、大小不一的，主要用于防御和繁殖等。

　　只要深入观察，你就会注意到每种昆虫都有着其自身标志性的形态、色彩和其他特征，正是这些细微的差异赋予了昆虫们不同凡响的独特魅力。

本页图　蚁蜂（*Dasymutilla sp.*）
左页图　彩虹蜣螂（*Phanaeus vindex*）

黑魔鬼竹节虫（*Peruphasma schultei*）
尽管这种地栖竹节虫拥有荧光黄色的眼睛，
但它的视力并不出色。相反，它主要依赖
足和触角来感知周围的环境。

众眼观天下

昆虫的眼睛是我们窥探这些小家伙生活的窗口。要了解昆虫是如何寻找食物、选择配偶以及抵御捕食者的，不妨从研究它们的眼睛入手。昆虫一只眼睛中的视觉细胞可多达 30 000 个，细胞间相互独立、协同工作，使得这个生物能与其所处的环境互动。大多数昆虫生有两个复眼，也有很多昆虫具有数个单眼。有些甚至还长有第六和第七个小眼睛。昆虫演化出了这些不同形式的眼睛，使得它们在微光或快速飞行的条件下也能看得清楚。

雀眼窗大蚕蛾幼虫（*Hyalophora cecropia*）

这只健壮的小生物身上长有许多类似眼睛的结构，但实际上大多数毛毛虫的视力都差得可怜。它们的头部构造其实更适合咀嚼而非观察。

石蝇（*Perlesta* sp.）

这只昆虫不仅头部两侧各有一个复眼，同时还拥有三个单眼，这些单眼能够感知光线的明暗变化。

牛虻（*Tabanus sulcifrons*）

这只雌性牛虻拥有巨大且色彩斑斓的
复眼，无论是寻找食物还是配偶，这
双大眼睛都能助其一臂之力。雄虫的
复眼比雌虫的更大。

佛罗里达跳蛛（*Phidippus regius*）

这只雌性跳蛛[1]的主眼（中间的两颗大眼睛）可以在角膜内移动，使其能够扫视周围的环境。而那些侧面的小眼睛的视角则保持固定。

———

① 译者注：跳蛛不属于昆虫。

美他利弗细身赤锹甲（*Cyclommatus metallifer*）
雄性锹甲的上颚长度甚至能超过它们的体长。

百口食四方

　　刺吸、虹吸、咀嚼、舐吸，多种多样的口器类型是昆虫成功的关键所在。饥饿的毛毛虫凭借它们锋利的上颚大口大口地啃食叶子，为即将到来的变态发育过程储备充足的能量。羽化为成虫后，有些昆虫以液态食物为食，从含糖的树汁到人类的血液都是它们的"美餐"。长喙天蛾的喙管能伸展到惊人的 35 厘米，当它们像直升机般悬停在植物上方时，全靠这根长长的喙管从花朵深处吸取花蜜。雌性蚊子用六根口针[①]组成的喙穿透猎物的皮肤，然后吸取富含蛋白质的血液，以供卵子发育所需。值得注意的是，雄性蚊子并不吸血。如果你被蚊子咬了，那一定是雌性蚊子干的。昆虫并不通过口器呼吸，在它们的胸部和腹部有微小的孔洞，即气门，昆虫通过气门呼吸。

---

① 译者注：口针由上唇、上颚、下颚与舌构成，包藏于下唇延长形成的喙中。

希梅拉艺神袖蝶
（*Heliconius erato himera*）

这只蝴蝶将展开它那卷曲的喙（即口器），如同用吸管一般，从花朵中吸取甜美的花蜜。

红斑猎蝽（*Platymeris laevicollis*）

猎蝽的喙短而粗壮，像一把匕首般刺入猎物的体内，注入能让猎物瘫痪的剧毒唾液，从而启动分解过程[1]。

① 译者注：猎蝽的唾液中含有多种酶，能够在猎物体内分解其软组织，以便猎蝽吮吸进食。

非洲月大蚕蛾（ *Argema mimosae* ）

昆虫触角的形状多种多样。许多雄性蛾子拥有羽状的触角，这种触角能够敏锐地感知雌性分泌出的化学信息素，指引它们走向繁衍之路。

机警的触角

触角让昆虫能够以更加立体多维的方式感知世界。它们可以挥舞、扭动和旋转这些感觉器官，用触觉、味觉和嗅觉来认识周围的环境。当信息素在空气中飘散时，华丽的羽状触角让雄性昆虫得以捕捉这些微小的分子，进而找到合适的伴侣。蚂蚁不仅能够通过触角的触碰来了解环境，还可以通过嗅觉上微妙的差异来分辨朋友和敌人。触角看似凶猛，大多数是无害的，除了一些南美的鞘翅目甲虫，它们的触角甚至能释放出有毒的螯针。

沙巴糙奥䗛（*Aretaon asperrimus*）

昆虫的触角是分节的，即使少数几节断裂，触角上的感觉器官也能继续工作，接收来自地面和空气中的各种信号。

敏捷的腿部

昆虫的独特标志就是那六条腿，不多也不少。这也是昆虫与其他多足动物（例如八条腿的蜘蛛）的不同之处。然而，正是从这里开始，演化的适应性变得错综复杂。

一些蝼蛄利用前足在地下挖掘隧道，用于藏匿它们收集的粪便，并为它们的卵建立一个巢穴。高贵的蝗虫则依赖其有力的后腿，像弹簧一样将自己弹向高处，越过障碍。螳螂的前腿特化为捕捉足，可以弹出去紧紧抓住猎物，随后再收回来，确保它的美餐无处可逃。

新西兰直叶螳（*Orthodera novaezealandiae*）

全球有超 2 000 种螳螂，它们的前足都是为了捕捉猎物和紧紧抱住配偶而精心"设计"的。

本页图　哥斯达黎加红脚捕鸟蛛（*Megaphobema mesomelas*）

右页图

上（左至右）　黑侧草螽（*Conocephalus nigropleurum*），犀牛蟑螂（*Macropanesthia rhinoceros*）

中（左至右）　问号蟑螂（*Therea olegrandjeani*），科氏奥利蛛（*Olios correvoni*）

下　多形蜈蚣（*Scolopendra polymorpha*）

节肢动物大荟萃

这里出现的所有生物都隶属于节肢动物门，被统称为节肢动物（arthropods）。这个词源于希腊语，意为关节和足。实际上，不仅是足，节肢动物的整条腿都是由带有"铰链"的节段构成的。作为动物王国中最大的类群，节肢动物门包括了昆虫、蜘蛛、蝎子、蜱螨、蜈蚣、马陆，以及各类海洋甲壳动物（如龙虾、蟹）等。节肢动物栖息在地球上的每一个角落，无论是炎热的热带还是寒冷的极地都能找到它们的身影。事实上，有一种微小的螨，原生于南半球的极寒区域，被认为是南极洲最大的纯陆栖动物，同时也是地球最南端的生物。

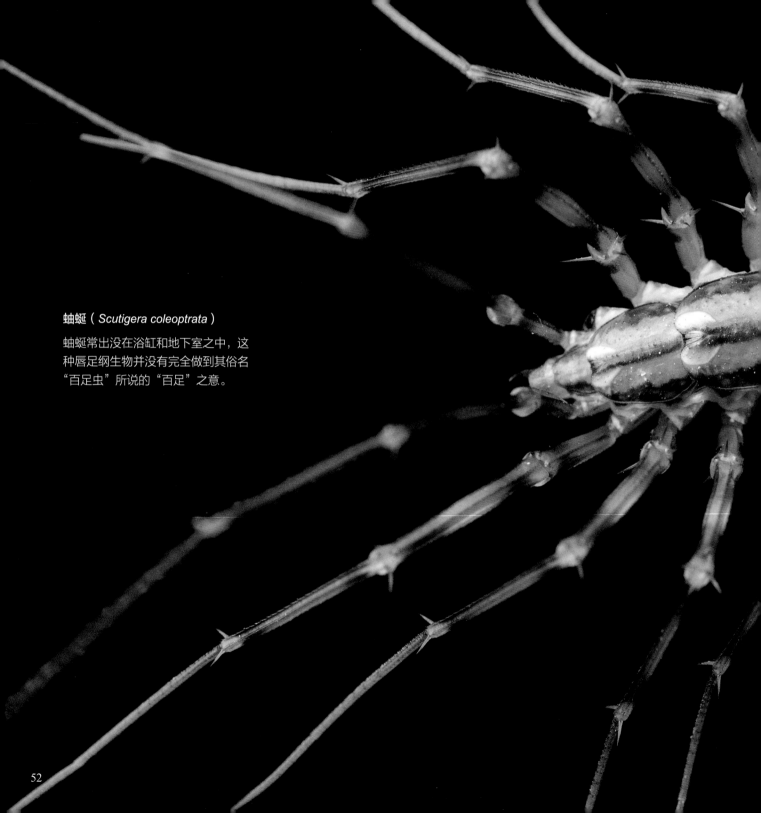

蚰蜒（*Scutigera coleoptrata*）

蚰蜒常出没在浴缸和地下室之中，这种唇足纲生物并没有完全做到其俗名"百足虫"所说的"百足"之意。

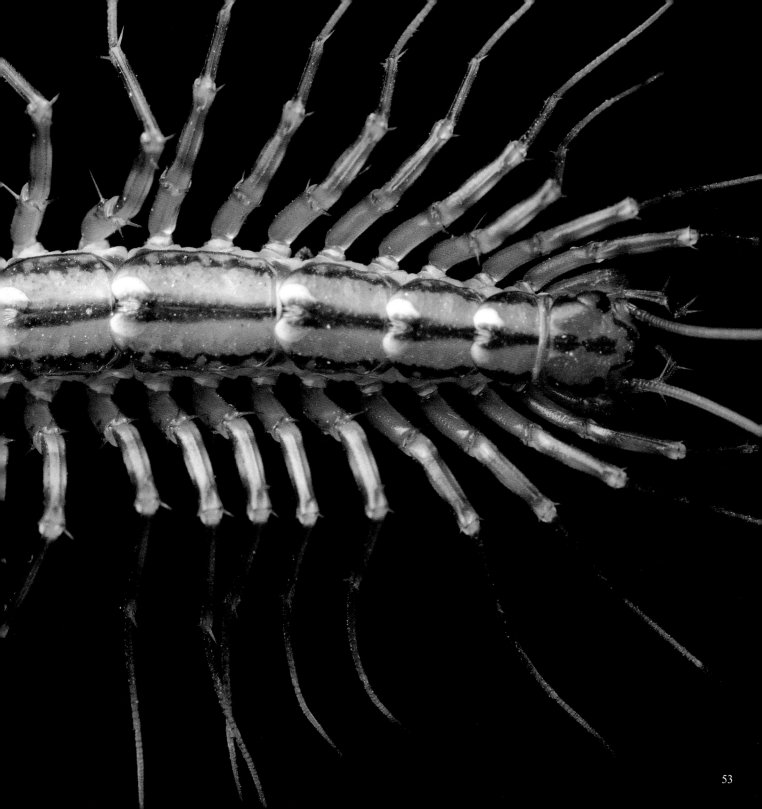

翅膀绽荣光

　　昆虫是唯一会飞行的无脊椎动物类群。虽然大多数昆虫都有飞翔的能力，但也有一部分成员演化成了无翅的类群。很多昆虫有两对翅膀，有些昆虫的前翅特化成了坚硬的保护壳，被称为鞘翅，保护着下方的后翅，后翅精巧地折叠起来，其折叠方式比人类的折纸艺术更为精妙。有些昆虫的翅膀在展开时，长度能够达到其身体长度的十倍。

　　仔细观察昆虫的翅膀，你会看到那纤细的翅脉。这些翅脉为纤薄的翅膀提供了强度和支撑，这样的结构足以使翅膀的主人受用一生。

上图　北美大黄凤蝶（*Papilio glaucus*）
下图　优雅箭股蚜蝇（*Toxomerus politus*）

蝴蝶和飞蛾的翅面上有一层微小的鳞粉，从而呈
现出一种略显朦胧的质感。而没有鳞粉的苍蝇翅
膀则能清晰地展示出翅脉与翅膜。

几内亚繁斑螳（*Plistospilota guineensis*）

西非的这种身长超过 13 厘米的螳螂是螳螂中的巨无霸。当它受到惊吓准备恐吓敌人时，会把翅膀如折扇般张开。

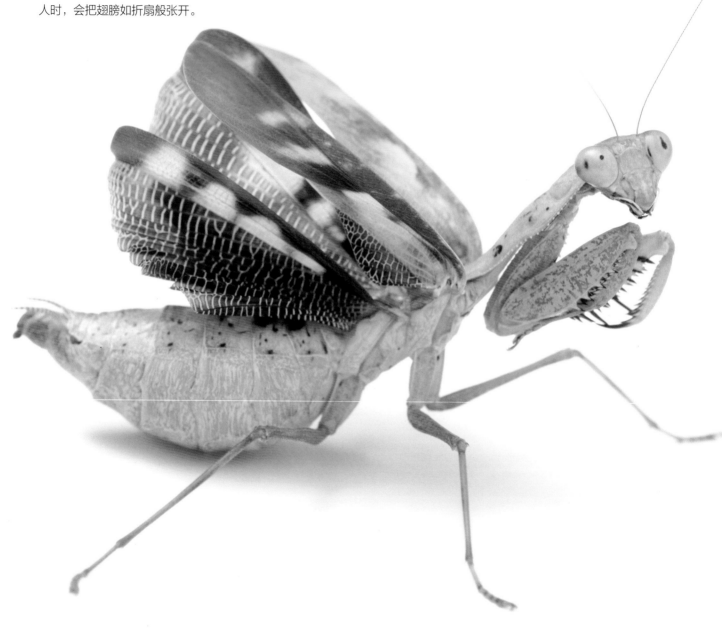

绿帘蛱蝶（*Siproeta stelenes*）
这只蝴蝶粉彩般的翅背隐约透出展翅时才会显露的翠绿色，它的英文俗名也因此与孔雀石这一绿色宝石相关联。

万圣节旗蜻（*Celithemis eponina*）

近距离观察，你会发现这只蜻蜓的翅膀上有着错综复杂的翅脉，这些翅脉为其翅膀提供了坚实的结构支撑，使其成为昆虫界飞行速度最快的生物之一。

菱翅露螽（*Microcentrum rhombifolium*）

这种北美洲常见的螽斯拥有四只翅膀，通常简单地折叠在身体上方。

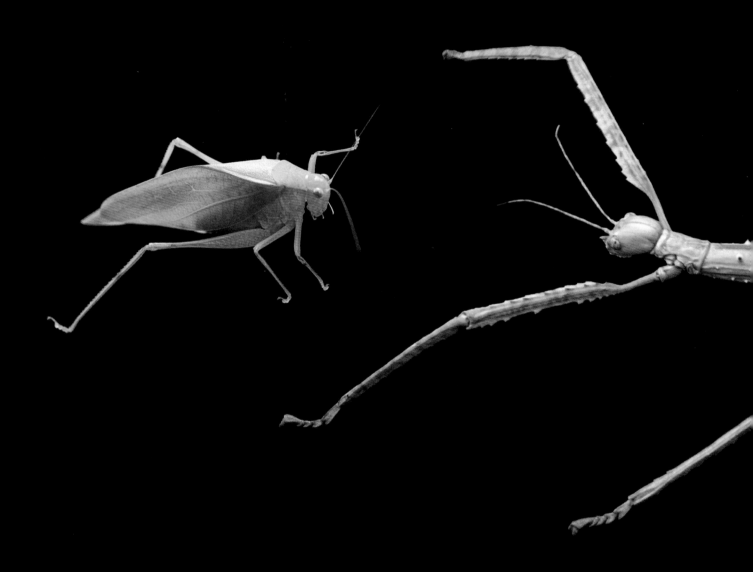

奥西里斯巨人宽胫䗛（*Eurycnema osiris*）
与许多其他昆虫相比，竹节虫往往并不擅长飞行，这也解释了它们的翅膀为何偏小。翅膀上的那抹红色或许是为了迷惑和震慑捕食者。

61

不止于尾巴

一只昆虫最显著也最令人不安的形态特征可能是它的尾巴。

对昆虫而言，腹部的末端是为了繁衍而存在的。雄性昆虫经由这个部分将精子传递给雌性昆虫，而受精的过程则会在雌虫的腹部完成，而后通过产卵管将卵产下。一些雌性昆虫（例如部分蜂类）拥有长长的产卵管，能深入到干枯或腐烂的木头中，直接将卵产到足以提供庇护的安全深度。

从人类的视角看，昆虫的腹部是个大麻烦。膜翅目下的真社会性昆虫（如蜜蜂、胡蜂和蚂蚁）的产卵管特化成了螫针，可以用来抵御入侵者。

对工蜂来说，螫人的行为关乎它自身的生死存亡。螫人后，它的毒囊会从身体里被撕扯出来并持续释放毒液。这只警卫工蜂用生命为整个蜂群发出了一个讯号：不要惹我们。

摩门螽（*Anabrus simplex*）
这个粗壮的产卵器证明它是一只雌性昆虫。虽然它的英文俗名意为"摩门蟋蟀"，但事实上，这是一种螽斯。

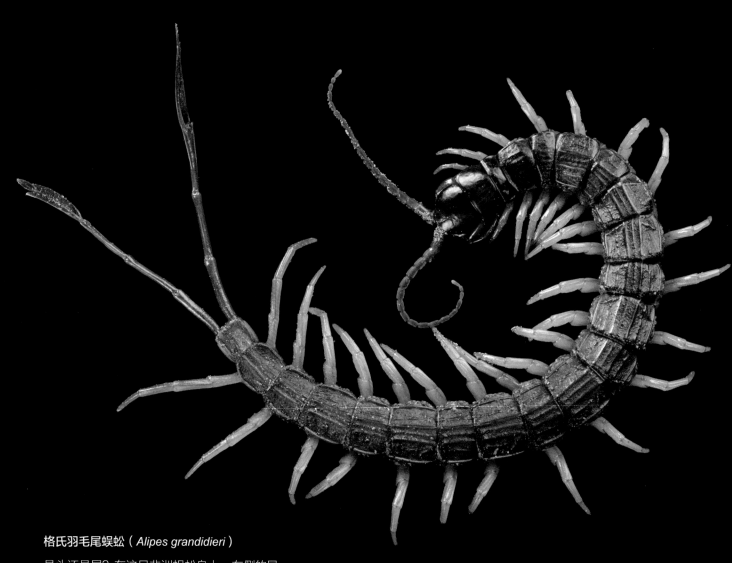

格氏羽毛尾蜈蚣（*Alipes grandidieri*）

是头还是尾？在这只非洲蜈蚣身上，左侧的尾
须（尾部的叉状结构）与右侧的触角几乎一模
一样，这让捕食者和猎物都很困惑。它们试图
避开从头部释放出来的毒液，但往往难以分辨
真正的攻击究竟来自哪一端。

蒙氏舞叶䗛（*Phyllium monteithi*）

这种昆虫仅分布于澳大利亚东北部的一个狭小区域内，它们的腿和腹部扁平且有零星斑点，这一独特的造型使它们能与绿叶簇拥的环境融为一体。

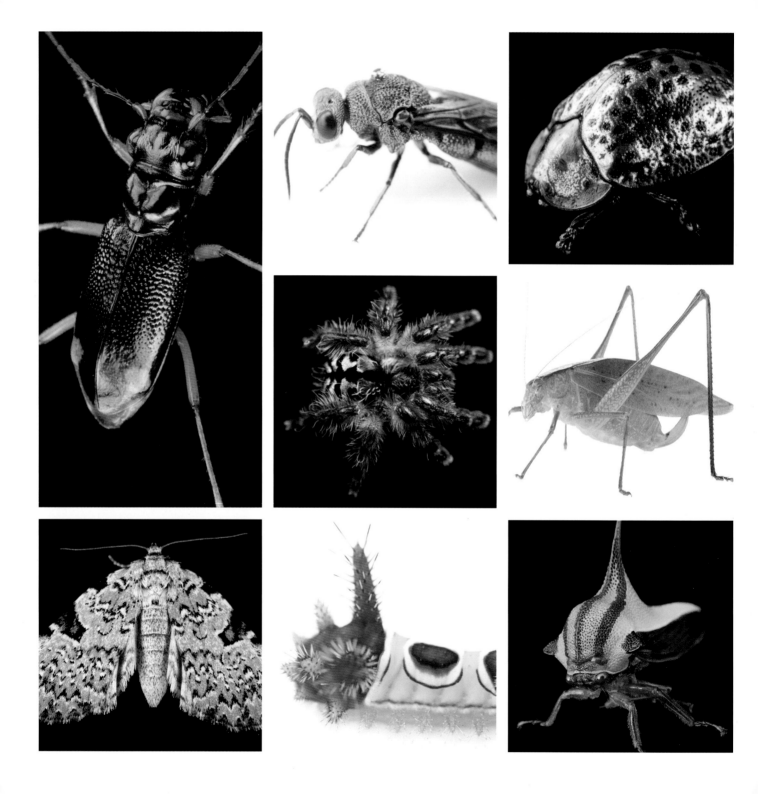

声与色

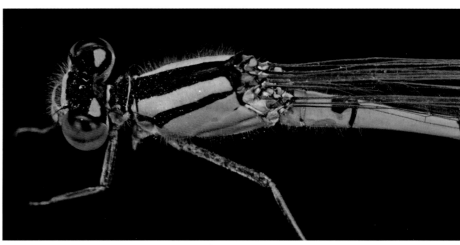

声形并茂

如人类一样，有些昆虫也会用声音沟通。不仅如此，它们还可以借助图案和色彩，与朋友、敌人甚至是猎物进行"无声的对话"。昆虫能借助色彩进行自我展示，亦能通过颜色获得无懈可击的伪装。鲜亮耀眼的黄色就是对潜在的捕食者发出的明确警告：吃我，你会后悔！而那些灰扑扑的土褐色昆虫则选择在森林环境中保持低调，隐藏得天衣无缝。

昆虫如此五彩斑斓，是因为它们的体表吸收或反射了不同波长的光线。蝴蝶的灿烂夺目要归功于其翅膀上的鳞片，这些鳞片还能吸收阳光，为其加热肌肉，为飞行做准备。

更有甚者，有的昆虫自己就能发光。一类名为荧光素酶的酶赋予了萤火虫发出生物光的能力。

昆虫以美妙的鸣声点缀着炎炎夏日的夜晚，向潜在的伴侣或对手传递信息。一些昆虫的身体甚至自备乐器。许多蚱蜢的后腿长有锯齿状突起，它们能够通过用腿摩擦翅膀来制造声音。可爱的熊蜂发出的嗡嗡声源自其高频振动的翅膀和肌肉，振翅不仅发出了声响，还有助于在访花时吹散花粉。

本页图 黑金绒熊蜂（*Bombus auricomus*）
左页图 彩虹锹甲（*Phalacrognathus muelleri*），左雌右雄

金斑巢蛾（*Atteva aurea*）

这只炫酷的蛾子凭借其暖橙色的外观避开了捕食者的魔爪。它学名的种加词"*aurea*"意为"金色"。其幼虫以臭椿为食，会在树叶间编织具有庇护功能的网巢，在羽化成色彩斑斓的成虫之前，它们会一直躲在网巢中。

脱颖而出

有些昆虫会大胆地炫耀其鲜艳的色彩，借此自然天成之美来区别于周遭的环境。它们是在向外界传达一种信息：我也许有毒，捕食我恐怕会让你追悔莫及。这种防御性的颜色警示策略并非昆虫独有，许多鱼类和蛙类同样善用这一招数。

在这个主要由棕色和绿色所构成的自然界中，某些色彩似乎更容易成为昆虫的"警告标志"。红色、橙色、黄色或白色，再搭上些许黑色的点缀，这样的配色被证明是极为有效的警示色模式。事实上，这些警示色的作用显著，以至于某些没有自己专属防御机制的昆虫也会借用这些色彩，作为对付捕食者的护身法宝。

有些图案和配色能使昆虫看起来更庞大或更具威胁性。蛾类翅膀或甲虫胸部的大块斑点让它们看起来就像是正在狩猎的大眼掠食生物，而非任人宰割的俎上之肉。

哥斯达黎加沫蝉（*Mahanarva costaricensis*）

在昆虫的世界里，鲜艳夺目的红色、橙色和黄色是一种无声的呐喊："离我远点！别吃我！"尚未发育成熟的沫蝉幼体（此阶段也称为若虫）栖息于叶片和枝条之间，用泡沫状的分泌物来为自己筑起一道保护屏障。

异色瓢虫（*Harmonia axyridis*）
这种来自亚洲的昆虫被引入北美以控制蚜虫种群数量，其多样的体色和斑纹令人眼花缭乱。

黄裳猫头鹰环蝶（*Caligo memnon*）

当翅膀展开时，这只中美洲的蝴蝶能够闪烁出柔和的蓝色光泽。然而在多数情况下，它会闭合翅膀，炫耀它翅膀背面模仿猫头鹰眼睛的巨大眼斑。

红黑锯蛱蝶（*Cethosia penthesilea*）幼虫

在最终蜕变为美丽蝴蝶之前，这种分布于东南亚和澳大利亚的毛毛虫会利用其鲜红的体色以及锋利的棘刺来抵御天敌。

遁于草木

　　有的昆虫形态亮眼、引人注目，但也有一些默默无闻，只求不被发现。对这些昆虫而言，与环境融为一体就成了它们的最佳生存策略。考虑到它们所栖息的生境，最容易与环境相融的颜色是泥土的棕色或是叶子的绿色。有些昆虫甚至演化出了精湛地模仿所在环境的能力，达到几乎隐身的效果。它们会模仿寄主植物叶片上的斑点与纹理，看起来就像是枯萎的叶子或细小的树枝，让捕食者丧失兴趣。有些昆虫则是"易容术"的高手，以某些脉翅目昆虫的幼虫为例，它们会收集环境中的各种碎屑来覆盖自己的身体，以抵御捕食者的侵扰。

鹿纹天蚕蛾（*Hemileuca maia*）幼虫
这只毛毛虫体表斑驳的棕色纹路与它所啃食的树枝看起来一模一样。但若是伪装术未能保其周全，那它锋利的尖刺便会给捕食者以痛苦的一击。

虫言虫语
共同演化

经过数亿年的演化，植物与昆虫已经学会了最大化地利用彼此带来的生存优势。植物运用花朵的色彩、条纹和斑点来吸引特定的传粉者。有些昆虫精于伪装术，巧妙地拟态成树枝或叶子，还有些昆虫则借助警示色达到自我保护的目的，例如黑条线蛱蝶和帝王蝶，这两种蝴蝶的外观几乎一模一样，但实际上并没有密切的亲缘关系。它们鲜艳的橙色翅膀是向潜在的捕食者发出信号："我味道甚为苦涩。"早期理论认为，黑条线蛱蝶是通过模仿帝王蝶来获得保护的，但这一理论已被推翻，因为两者都含有对捕食者来说难吃甚至危险的毒素。这样的形态相似性反而共同加强了两种蝴蝶的自我保护效果。①

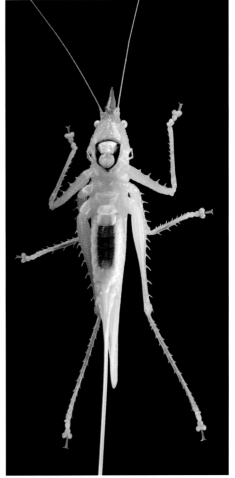

左页图 瘤蝽（*Phymata* sp.）

本页图

上左 斜纹达拉天蛾（*Darapsa myron*）

右 纤角螽（*Copiphora gracilis*）

中 黑条线蛱蝶（*Limenitis archippus*）

下 冠巾魅躯䗛（*Extatosoma tiaratum*）

---

① 译者注：这样的现象被称作穆氏拟态，即两种或两种以上具有毒素等自我防御机制且拥有共同捕食者的物种相互拟态以加强保护收益的拟态形式。

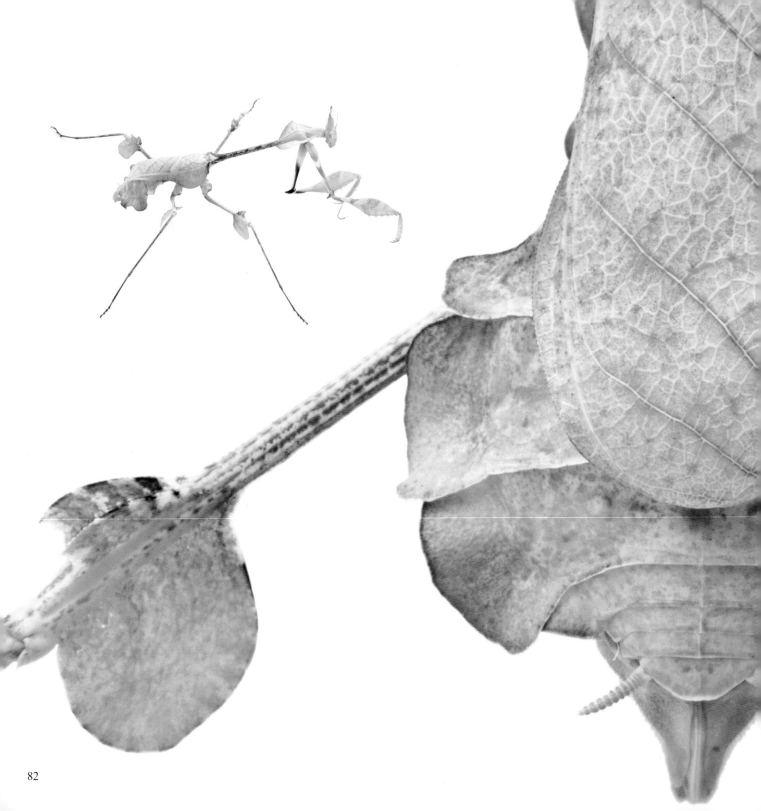

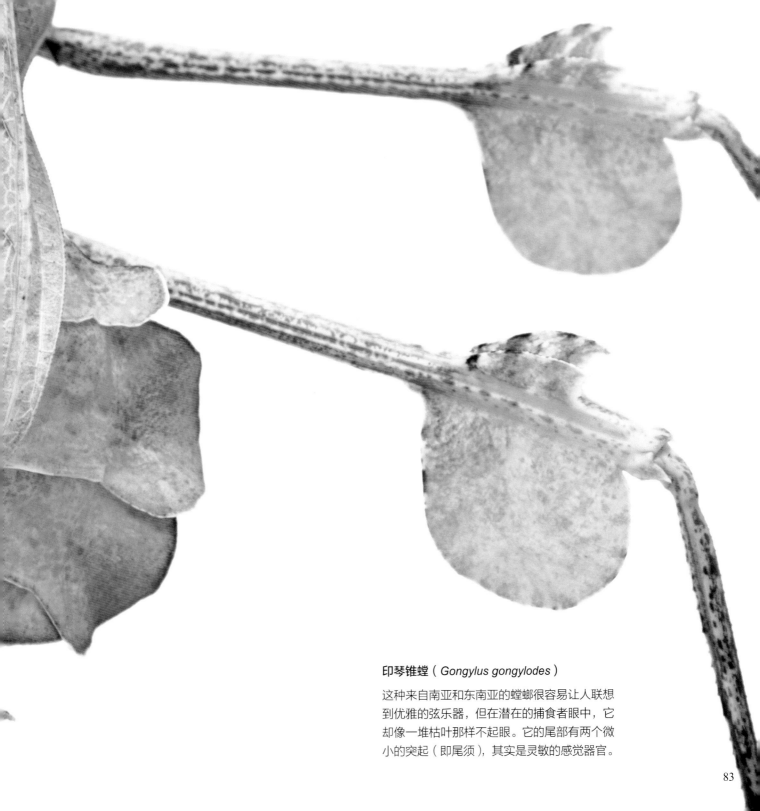

印琴锥螳（*Gongylus gongylodes*）

这种来自南亚和东南亚的螳螂很容易让人联想到优雅的弦乐器，但在潜在的捕食者眼中，它却像一堆枯叶那样不起眼。它的尾部有两个微小的突起（即尾须），其实是灵敏的感觉器官。

争奇斗艳

我们常为蛾和蝴蝶那令人目眩神迷的华美翅膀而赞叹，但事实上，昆虫世界的绚丽缤纷绝不止这些引人注目的翅膀。从耀眼的荧光蓝到璀璨的幻彩紫，从鲜艳的洋红到灿烂的明黄，尽管身躯娇小，昆虫在色彩上却毫不吝啬。

铁榄绿天牛（*Plinthocoelium suaveolens*）

这只甲虫的颜色堪称一绝，在美国南部、西南部以及墨西哥的大地上独树一帜。它的身上闪烁着蓝绿色的异彩，股节还有一抹鲜亮的洋红色。如此绚丽的甲虫，无疑将昆虫界的色彩美学提升到了一个全新的高度。

红翼青龙竹节虫（*Achrioptera fallax*）

许多竹节虫的外形正如它们名字所描述的那样：棕褐色的身体，翅膀退化，像根树枝。但这一来自马达加斯加的种类却打破了这些规则。其明亮的蓝色身体与小巧的红翼极可能让捕食者望而却步。

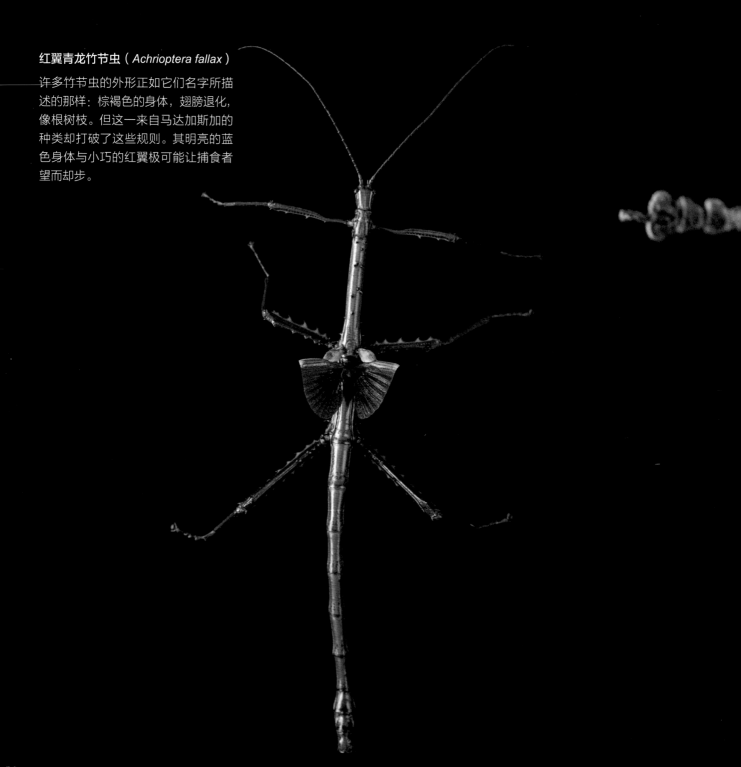

粒钻象甲（*Entimus granulatus*）

绿色、黄色与黑色交织，仿佛是点彩画法的精妙演绎。与其他象鼻虫一样，这只小生灵用其向下弯曲的长鼻（喙）在寄主植物上钻出微小的孔洞来取食。

兰花螳螂（ *Hymenopus coronatus* ）

丰满的粉红色腹部及叶片状扩展的腿使得这只印度尼西亚的螳螂酷似一朵兰花。它的形状和色彩是为了吸引那些最终成为其盘中餐的昆虫吗？这假说由来已久，但仍是值得研究者们探究的课题。

魔花螳螂（*Idolomantis diabolica*）

这种分布于东非的螳螂是全球最大的螳螂之一，其体长可超 11 厘米。面对捕食者时，它会高高抬起头部和胸部进入威吓姿态以求自保；遇到猎物时，它则利用带刺的前足将其紧紧抓住，使之无法逃脱。

百虫争鸣

如果说这个世界是一座音乐厅，那么昆虫们无疑奏响了其中最美妙的音符。或嗡嗡作响，或咔嚓轻敲，或单调嗡鸣，或啾啾唱和，或悠扬吹哨，或不夜歌唱，昆虫的声音贯穿四季，日夜不歇。他们将身体作为乐器，用声音充实这个世界，向同伴们诉说自己的所在和意图。

昆虫的叫声，可能是求偶的邀约，也可能是统治地位的宣示。

蚱蜢和蟋蟀通过摩擦身体的不同部位来"拉弓弹弦"，创作出自己独特的乐章。雄性蝉则运用其腹部的膜式结构（也称为鼓膜）在盛夏低鸣，在交配季节，它们还会齐唱，向雌性蝉献上一曲爱情的大合唱。

奥斯尤拉穴狼蛛（*Hogna osceola*）
狼蛛因其高超的狩猎技巧而得名，也被称为"猫蛛"[①]。这是因为在求偶期间，雄性狼蛛会发出与猫咪咕噜声相似的声响来吸引雌性。

———
[①] 译者注：中文里，猫蛛通常是蜘蛛目猫蛛科下蜘蛛的统称，此处的猫蛛并非指分类学中的猫蛛科。

长翅钝露螽（*Amblycorypha oblongifolia*）

这种拟螽斯[1]遍布美国东部地区，能够呈现出各种罕见的色彩，通常以翠绿色为主，与它们平日里大快朵颐的树叶最为相似。雄虫通过摩擦翅膀，奏响令人熟悉的夏日乐章。

———————
① 译者注：拟螽斯指露螽亚科下的昆虫。

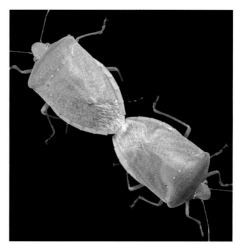

生活史

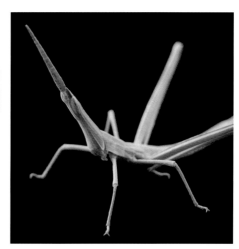

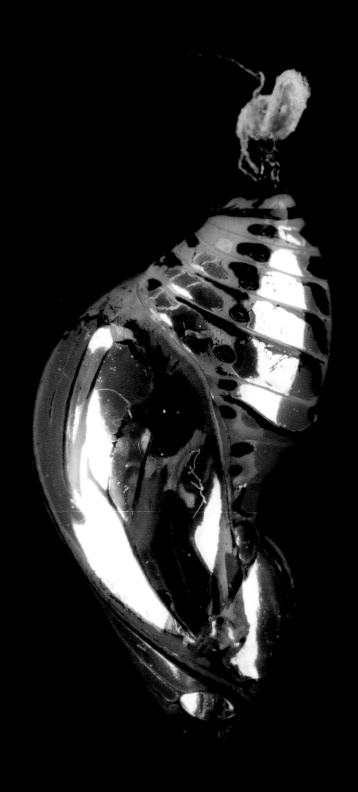

成长的烦恼

自始至终，不同种类的昆虫在生长发育模式上不尽相同，但都面临着同一个艰巨的挑战：如何安然度过脆弱的幼年时期，最终成长为强健的成虫。有些昆虫从出生起就是成体的缩小版，具备了与成虫类似的体躯结构。而另一些则需要经历彻底的蜕变，令人难以相信那些幼虫与成虫居然是同一个物种。最令人惊叹的莫过于蝴蝶、蛾等昆虫的变态发育过程：从卵开始，先孵化为毛毛虫，再蜕变为蛹，最终羽化为拥有全新形态与色彩且长有两对翅膀的成体。

不论遵循何种成长模式，昆虫和其他节肢动物在发育的过程中都会长出一层外骨骼——一种由几丁质构成的、坚硬且具有保护功能的体壁外壳。尽管这层外骨骼在诸多方面都大有作用，但它同样也限制了这些动物个头的自由增长。因此，在发育的关键阶段，它们必须蜕去这层不再合身的旧衣服，让身体得以摆脱束缚，继续长大。

上图　热带臭虫（*Cimex hemipterus*）
下图　温带臭虫（*Cimex lectularius*）
左页图　塔晓绡蝶（*Tithorea tarricina*）蛹

最初的模样

　　许多昆虫通过产卵的方式繁育下一代，它们可能会将卵产在木头里、树叶上甚至是水中。这些卵可能微小到难以用肉眼察觉，也可能有一粒米那么大。不出意外的话，最终每一枚卵都将孕育出一个小生命。这些卵或是被单枚产下，或是被成串成团地产在一起，等待着孵化出一群活泼的小家伙。大多数雌性昆虫在产卵后便扬长而去，只有少数种类会悉心照料自己的卵或新生儿。真社会性的昆虫（例如蚂蚁和蜜蜂）则会群策群力，与同巢或同群的其他成员共同承担哺育后代的任务。

　　此外，还有一些特殊的昆虫（如蚜虫、部分蟑螂以及某些苍蝇）采用一种被称为"卵胎生"的繁殖策略，它们能够直接产出新生的幼崽。

巨负蝽（*Abedus herberti*）

这里可没有大男子主义者！某些水生蝽类体长超 11 厘米，由雄性包揽看护后代的重任，它们将卵背负在自己的背上，直至卵孵化。

黑头酸臭蚁（*Tapinoma melanocephalum*）

与其他蚂蚁一样，在这种热带蚂蚁种群中，年轻的雌蚁往往需要肩负照料卵和幼虫的重任，为它们提供食物与庇护，直至幼体发育成熟。而年长的蚁后每天都可以产下数百甚至是数千枚卵。

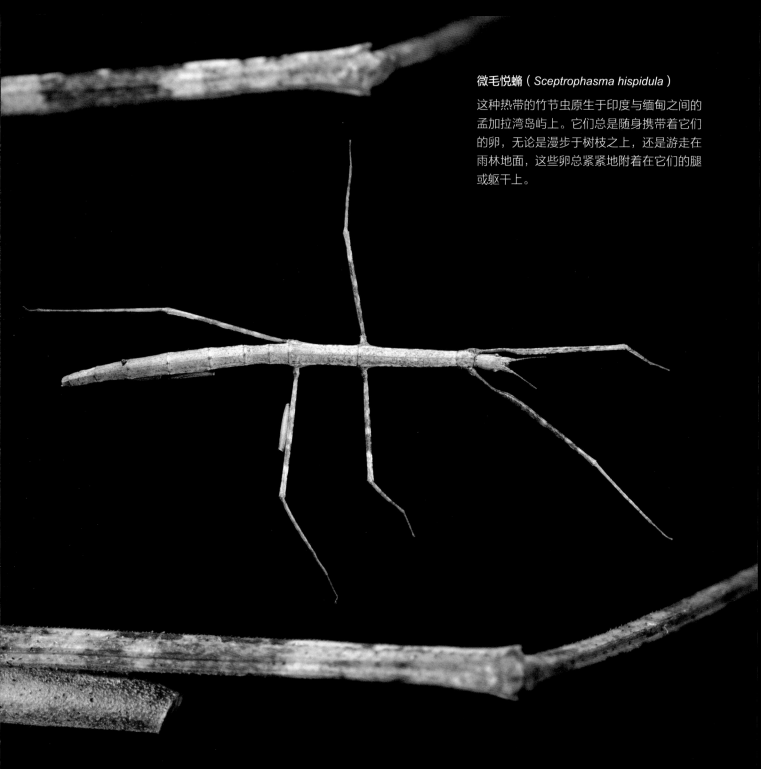

微毛悦䗛（*Sceptrophasma hispidula*）

这种热带的竹节虫原生于印度与缅甸之间的孟加拉湾岛屿上。它们总是随身携带着它们的卵，无论是漫步于树枝之上，还是游走在雨林地面，这些卵总紧紧地附着在它们的腿或躯干上。

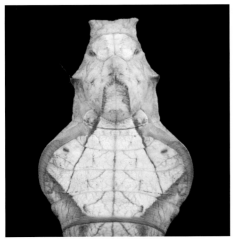

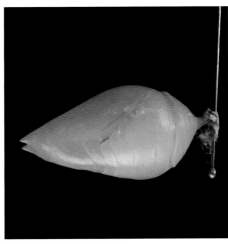

左页图

马岛金天蚕蛾（*Argema mittrei*）茧（上）与蛹（下）

本页图

上（左至右）

裳凤蝶（*Troides helena*）蛹，

亚特拉斯南洋大兜虫（*Chalcosoma atlas*）蛹，

雀眼窗大蚕蛾（*Hyalophora cecropia*）茧

中（左至右）

家蚕（*Bombyx mori*）死亡的蛹（左）及茧（右），

闪蝶（*Morpho* sp.）蛹

下　纤尾蛾（*Urodus parvula*）茧

虫 言 虫 语
变态发育

　　蝴蝶和蛾子在其生命周期中会经历一场令人惊叹的蜕变。幼虫先从卵中孵化而出，再通过数次蜕皮不断成长。在最后一次蜕皮时，某些蝴蝶的幼虫会将自己附着在叶子或小树枝上，悬挂在那里，然后变成蛹。这个近似休眠的阶段会持续数周或数月，这一过程中，翅膀和其他成虫的特征结构会逐渐形成。许多蛾类的幼虫会结茧，这是它们为了在蛹期发育时保护自己而打造的柔软外壳。数千年前，人类便学会了将某些鳞翅目昆虫的茧拆解开来，用茧的纤维制作丝绸布料。一只茧能提供长达 910 米的丝。

幼虫与蛹

很多动物的幼崽看起来就像成年动物的缩小版，一些昆虫及其近亲也是如此，但也有许多昆虫在其成长的进程中会经历神奇的蜕变。在整个生命周期中，它们的形状和颜色会产生一次或多次巨大的改变，每每进入新的发育阶段，它们都可能会脱胎换骨。毛毛虫、蛴螬以及其他完全变态昆虫的幼虫是其生长发育中必经的中间形态，它们在外观、生存环境、食性以及行为上往往与成体大相径庭。

蝴蝶和蛾子的幼虫会变成蛹，这是它们走向成熟的过渡形态。在进入蛹期时，蝴蝶的幼虫会发育出一层坚硬的外壳，也就是蛹壳；而蛾类的幼虫则会用柔软且具备保护性的茧来包裹自己，人类长期以来便是通过拆解部分蛾类的茧来获取丝绸纤维的。无论是蝶类的蛹壳还是蛾类的茧，都在这些昆虫脆弱的发育过渡期中提供了保护，让蛹内未成熟的身体能够顺利分解并重组，最终羽化成为一只成虫。

达摩凤蝶（*Papilio demoleus*）幼虫
这只毛毛虫刚从卵中孵化出来时，全身黑白相间且布满棘刺，但随着它不断进食并逐渐成熟，它的颜色就会变得同它所吃的叶子一样翠绿。最终，它将华丽蜕变成一只漂亮的黑、白、黄三色相间的绚烂蝴蝶。

美洲覆葬甲（*Nicrophorus americanus*）幼虫

这些幼虫享受到了皇室般的待遇。与其他鞘翅目昆虫不同，这种甲虫的雌雄成虫都会照料后代。成虫会从腐烂的动物尸体上取得食材，然后将其制作成"肉丸"埋在地下，随后雌性成虫就在其中产卵。（这个物种成虫的详细信息见第194—195页。）

萨豆灰蝶（*Plebejus samuelis*）

从蛹中羽化而出（见下图）后，这只小蝴蝶的翅膀正面是好看的蓝色，背面则布满了斑点（见右页图）。它的幼虫仅以生长在北美橡树稀树草原和松树荒原上的野生羽扇豆叶为食。随着这些生境的逐渐缩减，萨豆灰蝶的种群也相应地衰落了，现在已被认定为濒危物种。

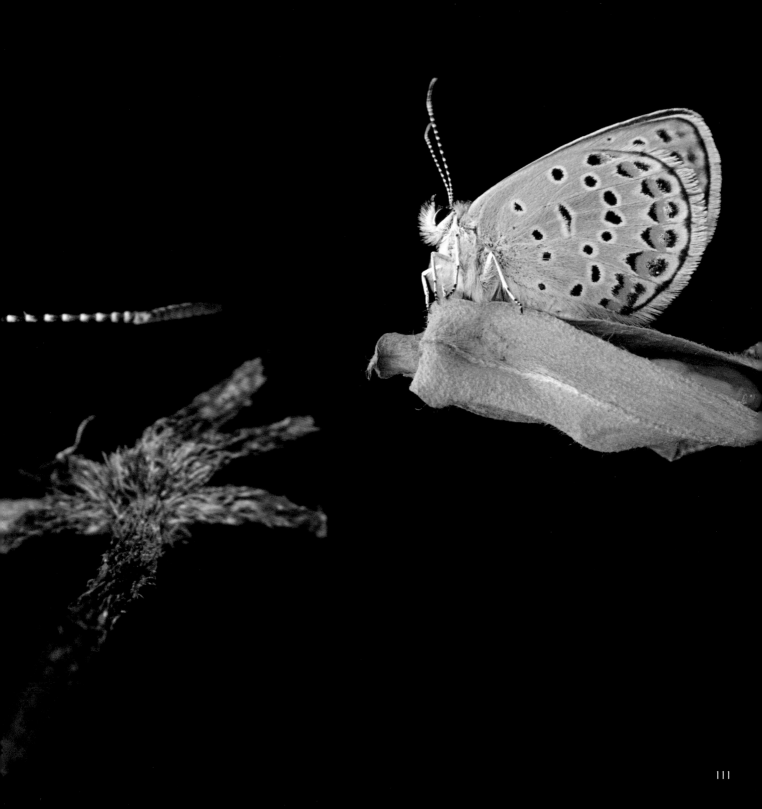

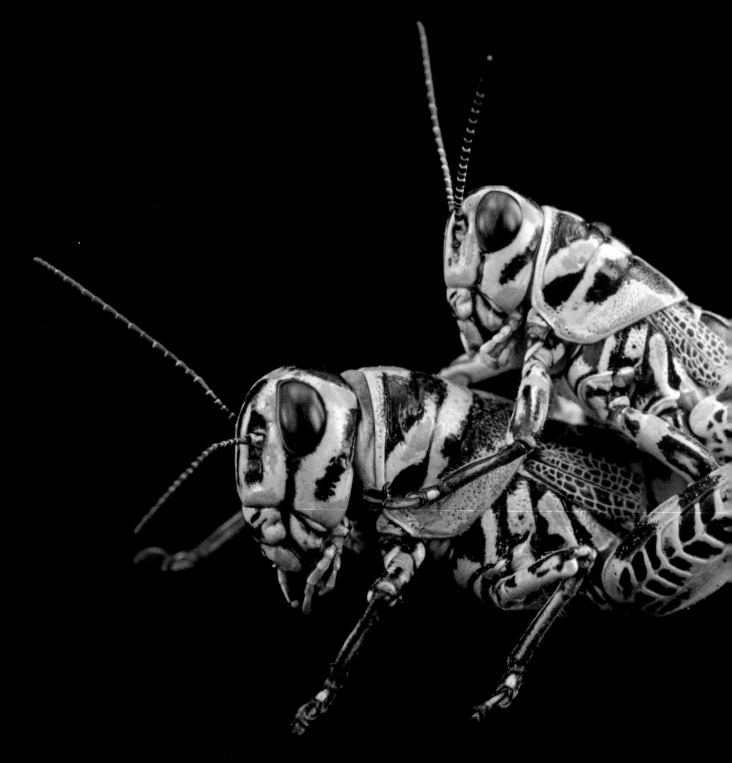

交配仪式

　　召唤的号角已然吹响，昆虫用挥发性的化学物质、独特的叫声以及闪烁的光线向同类宣告，现在是交配的季节，狂欢的舞蹈拉开帷幕。对许多生物而言，这场舞蹈相当复杂。

　　雄性蜻蜓会在空中紧紧地抓住雌性，它们能够一边飞翔一边交配。有些雄性跳蛛则会通过挥舞前足来吸引雌性的注意。一些雌性蛾子会释放出信息素，这些弥散在空气中的化学物质可以被雄性灵敏的触角感受到。追寻着信息素而来的雄性蛾子往往会发现自己必须与其他雄性竞争才能获得交配的机会。有的雄性萤火虫则是通过闪烁发光器来吸引配偶，事实上，萤火虫在夏夜上演的灯光秀正是一场求爱之舞。

　　摩门螽以及一些其他螽斯常常会送出营养丰富的蛋白质团（即精包）作为礼物吸引伴侣，这些精包甚至能达到它们体重的 30%，它们为了繁衍后代进行了巨大的能量投资。雄性蝎蛉则会向雌性献出由唾液所构成的唾液球作为礼物，分泌唾液多的雄性往往更有可能成功交配。

彩虹蝗（*Dactylotum bicolor*）
这种北美蝗虫因其丰富绚丽的体色而赢得了众多俗名，有"彩虹蚱蜢""彩绘蚱蜢""美发灯蚱蜢"，甚至还有"山姆大叔蚱蜢"。

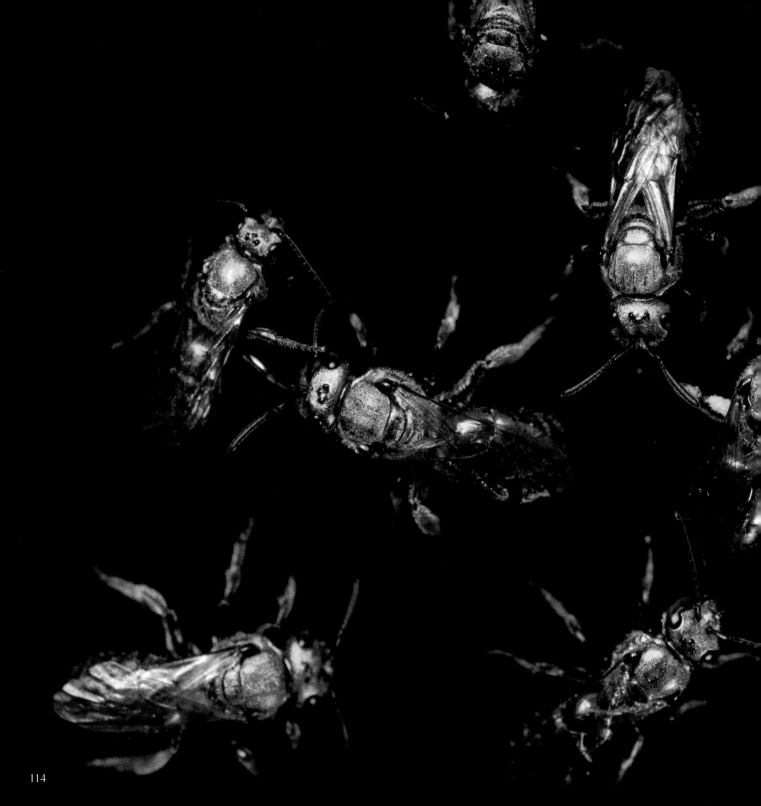

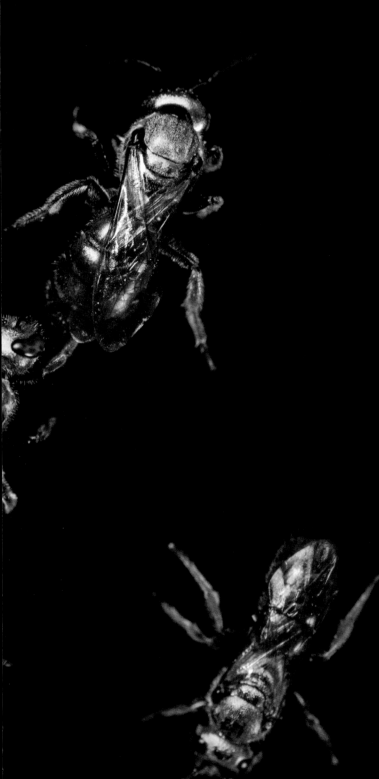

"血"月风花

对某些昆虫来说,交配是一场生死攸关的赌局。众所周知,螳螂有性食同类的习性,有时雌性螳螂会在交配后吞食配偶,这种行为或许会提高雌虫的产卵数量。

但螳螂并不是唯一一种交配后雌性比雄性过得更好的生物。蜜蜂的蜂后会在空中与雄性交配,平均每只会与 14 只雄性蜜蜂进行风花雪月的空中之旅,而交配成功对于雄性蜜蜂来说往往意味着生命的终结。

原产于澳大利亚的道森无垫蜂的雄性有两种不同的交配策略,这取决于它们的体型。当雌性在巢穴中现身时,个头较大的雄蜂会为了争夺雌性而殊死搏斗,而占多数的小体型雄蜂则选择站在一旁,伺机与那些逃离混战的雌性交配。

缘隧蜂族(tribe Augochlorini)

除了我们所熟知的蜜蜂和熊蜂,全球范围内还有数以千计的其他种类的蜜蜂科物种。这些五花八门的北美原生蜜蜂与大多数其他蜜蜂一样,都是独居的昆虫,这意味着每一只雌蜂都会在土壤、木头或是植物的茎中建造自己的巢穴。

暗红丽四节蜉（*Callibaetis ferrugineus*）

蜉蝣的幼虫生活在水下，直至它们准备好羽化飞翔的那一天。新羽化的蜉蝣成虫仅用一天时间便完成交配，它们成群结队地在空中翩翩起舞，像一场刹那间绽放的狂欢。然后，雄性蜉蝣的生命便画上了句号，雌性则会将卵产在水下，紧接着也走到生命的终点。

南非奇螳（*Miomantis caffra*）

螳螂以自相残杀而闻名。在交配前后或交配的过程中，雌性螳螂都有可能吃掉雄性。研究人员在观察这一南非物种时发现，约有 60% 的"约会"以雌性咬掉雄性的脑袋而告终。

斜纹达拉天蛾（*Darapsa myron*）幼虫

一只寄生蜂精心挑选了这只肉质丰满的天蛾
幼虫作为筑巢之地。它在这只幼虫体内产卵
的同时，还会注入一种能使其免疫系统瘫痪
的病毒。随后，寄生蜂的幼虫便会享用天蛾
幼虫的肉体，最终发育成熟钻出来，在寄主
的身体上结出微小的白色蜂茧。

生死之轮

　　生命之中亦蕴含着死亡。有些昆虫，尤其是真社会性昆虫，会井然有序地处理死去的同伴，好似殡葬专家。蜜蜂会将死去的幼虫和成虫搬出蜂群，以防疾病传播。死去的蚂蚁会释放出油酸，这是一种标志着死亡的化学信号，被称为"死亡信息素"。在感知这一信号后，活着的蚂蚁就会将同伴的尸体搬移到特定的"坟场"。甚至有研究表明，用油酸标记的活蚂蚁同样会吸引同巢的其他蚂蚁前来并试图将它们搬走。

　　有些昆虫则在缓慢的死亡进程中备受煎熬。扁头泥蜂会向蜚蠊注射一种能令其瘫痪的毒液，然后在其体内产卵，孵化出的泥蜂幼虫则会以蜚蠊的肉体为食。对于这种遭到寄生的蜚蠊来说，死亡的过程反而滋养了新的生命。

埃氏似刺尾蝎（*Centruroides edwardsii*）及其幼崽

蝎子一出生便和成体长得别无二致，只不过更小、更柔弱。在生命的最初几周，新生的蝎子幼体通常会被母亲背在背上。这种产自哥斯达黎加的蝎子甚至能一口气生下并背负超 100 只小蝎子。

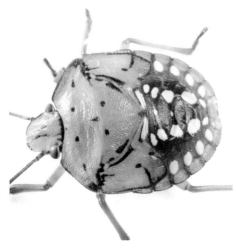

虫的智慧

虫智大开

　　昆虫能完成许多令人惊叹的壮举，但其实它们只有 20 万～100 万个神经元，其中真社会性昆虫的神经元数量最多。相较之下，人类的神经系统拥有约 860 亿个神经元，两者的数量之悬殊令人咋舌。

　　考虑到数量级上的巨大差异，昆虫所展现的能力实在令人称奇。显然，它们的智力水平可谓是恰到好处，足以适应其生存环境。它们具有出奇制胜、灵活应变的能力，能够巧妙地自我导航和利用周围的环境。这种生存智慧让它们得以长久地延续下来，其历史比任何灵长类物种都要悠久得多。化石证据显示，最早的昆虫在 4 亿多年前就出现了。

　　与我们的神经系统一样，昆虫的神经系统也是由一系列神经节所组成的复杂网络。然而，与我们人类所不同的是，它们密集的神经元丛集不仅位于头部，同样还分布在胸部和腹部，成为分散在这些身体部位的多个控制中心。

本页图　西方蜜蜂（*Apis mellifera*）
左页图　珀凤蝶（*Papilio polyxenes*）

何为智慧

如何定义智慧是个棘手的问题，这或许要归咎于我们总是习惯性地将其他生物的智力同自己的智慧进行比较。要知道，昆虫仅凭借其简陋的"硬件"便完成了那么多了不起的事情。它们能够感知周围的世界，有目的地靠近或避开某些事物。它们无需地图或指示牌的指引就能四处旅行，而且往往能准确地抵达从未到过的目的地。蜜蜂可以记得多个蜜源植物丰富的地点，甚至能告诉同巢的同伴它们去过哪里。昆虫和其他节肢动物还能及时察觉到环境变得不再适宜栖息，然后选择迁徙。无论我们称其为本能还是智慧，这些小生物的表现都很出色。

昆虫的学习和记忆依赖于被称为蘑菇体的神经元丛集，这也是它们介导嗅觉的中心。即使在幼虫的体内，也可以被找到蘑菇体，幼虫们也需要学习！有些蘑菇体在变态发育的过程被保留下来，依然存在于成虫的神经系统中，甚至可能携带着它们幼虫阶段的记忆。

黑金绒熊蜂（*Bombus auricomus*）
熊蜂无疑是昆虫中的佼佼者。那些常见且易于饲养的种类甚至能够被训练，可以为了品尝一口糖水，而努力将小球滚进一个洞里。

袖蝶（*Heliconius* spp.）

巴拿马的研究人员成功地训练了一些袖蝶属的蝴蝶，使其学会在早晨从特定颜色的喂食器中啜饮，到了下午则转向另一种颜色的喂食器。这意味着关于蝴蝶学习与记忆的能力，还有很多奥秘等待着我们去探索。

棒足毛络新妇（*Trichonephila clavipes*）

这种蜘蛛拥有七个不同的丝腺，每个腺体都能分泌出适用于不同场景的蛛丝原料，从网上的曳丝，到制作卵囊的管状腺丝，再到捕猎陷阱上的螺旋状丝。有些蛛丝的强度甚至超过了钢铁，韧性更是胜于防弹衣的材料。

感知与记忆

　　生物的有些行为来源于本能，也有很多来自后天的学习，学习新技能相较于本能要复杂得多。令人惊讶的是，研究表明某些昆虫确实能够做到这一点。在实验中，蜜蜂能够识别卡片上 2～5 个图案的区别，甚至可以成功分辨带有图案和没有图案的卡片。换句话说，它们可能理解了"0"的概念！熊蜂会为了获取奖励而将球滚进一个洞里，然后新来者则懂得通过观察来学习这一行为。马蜂还向人类证明它们能够分辨自己同类的面孔，并懂得避开会触发轻微电击的那一只。

　　即使没有人为干预，昆虫也展示出了它们不俗的学习和记忆能力。熊蜂凭借着空间记忆，能够在好几天里按照相同的顺序去造访觅食场所。北美洲的帝王蝶每年都要向南迁徙，去往加利福尼亚州和墨西哥的固定越冬地，有些个体甚至还会绕行曾经耸立于世的山脉。从某种角度来看，昆虫的记忆似乎比我们预想的要更加长久。

沙漠蝗（*Schistocerca gregaria*）

在身体呈绿色的阶段，它们喜欢
独处，被称作"grasshopper"。之
后，它们的体色逐渐变黄并开始
成群结队地活动，此时它们便是
"locust"①。这两种称呼恰好体现
出了同一种昆虫在不同发育阶段
所表现出的形态及行为差异。

① 译者注：在英文中，
grasshopper 和 locust 的
用法界限有时较为模
糊，它们通常都被用于
指代直翅目下的蝗虫。
相 较 于 grasshopper，
locust 多用于描述那些
能够集群迁飞、对农业
有较强破坏力的蝗虫。

十字园蛛（*Araneus diadematus*）

这些蜘蛛每天都要重新修缮其错综复杂的网。通常，雌性蜘蛛并不位于网的正中心，而是悬挂在稍偏向一侧的位置，它可以通过网这一扩展体，将自己的感知能力延伸至更远的地方。

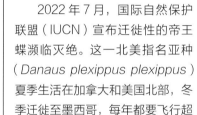

危在旦夕

2022 年 7 月，国际自然保护联盟（IUCN）宣布迁徙性的帝王蝶濒临灭绝。这一北美指名亚种（*Danaus plexippus plexippus*）夏季生活在加拿大和美国北部，冬季迁徙至墨西哥，每年都要飞行超过 4 000 千米。

北迁的长途跋涉是一场代际接力。成年蝴蝶在途中停下繁衍后代，然后由它们的孩子们来延续这场生命之旅。南行时，这些昆虫在墨西哥米却肯州的跨墨西哥火山带的森林中聚集，该地现如今已被划为蝴蝶保护区。近期有研究表明，这些蝴蝶能够凭借触角中的感受器来感知地球磁场，从而找到正确的方向。

那伊斯虎灯蛾（*Apantesis nais*）

研究表明，蛾子能记住它们作为毛毛虫时所学到的东西，这意味着蘑菇体作为昆虫神经系统的关键组成部分，能在昆虫经历变态发育的过程中保留信息。

芹菜夜蛾（*Anagrapha falcifera*）

为了进一步理解昆虫的感知能力，研究人员将一种蛾子的触角移植到了另一种蛾子身上，每种蛾子都会对某一特定的气味作出反应。实验结果令人惊讶，触角直接影响了它们的行为模式，这些"身份转换"后的蛾子对另一种蛾子所偏好的气味同样产生了反应。

左图 蓝胸舞螅（*Argia apicalis*）

上图 半带赤蜻螅（*Sympetrum semicinctum*）

螅（豆娘）与蜻蜓是近亲，我们通常可以通过它们静歇时翅膀的摆放姿态来区分两者：蜻蜓的翅膀向两侧平展，与身体呈直角；而螅则将翅膀合拢，立于身体之上。

布氏嗡蜣螂（*Proagoderus brucei*）
蜣螂喜爱搜集干燥的哺乳动物粪便作为食物和筑巢材料。有的蜣螂甚至将收获的粪便滚成比自己还要大得多的粪球。研究表明，蜣螂能够依靠星辰来导航，从而将这些宝贵的粪便安全地带回家。

对话与社交

　　昆虫及其他节肢动物有许多相互沟通与彼此理解的方式。悦耳的声音与芬芳的气味既能令伴侣陶醉，亦可诱捕猎物。

　　对于真社会性昆虫来说，例如多种蚂蚁、胡蜂、蜜蜂和白蚁，种间交流更是至关重要。试想一下，要与成千上万的"室友"达成共识该有多困难！以蜜蜂为例，它们利用一种被称为"摇摆舞"的沟通方式来传递信息并说服同伴。当一只侦查蜂发现了食物资源或新的筑巢地点后，便会返回蜂巢，并通过特定的飞舞动作向其他蜜蜂传达所有相关的信息，包括距离和方向，有时甚至还会带回一些食物的样品供其他蜜蜂品尝。

佛州弓背蚁（*Camponotus floridanus*）

这种蚂蚁的一个群体中可能包含数千只个体，它们在一个等级森严的体制中各司其职，有繁殖能力的雌性蚂蚁（或称为蚁后）、雄蚁，以及负责采集食物和照料卵与幼虫的雌性工蚁。

兰屿喙蜾蠃（*Rhynchium atrum*）

和来自亚洲的种类一样，蜾蠃通常都是独居的昆虫。雌性蜾蠃会建造一个巢，并将麻痹瘫痪的鳞翅目幼虫储藏在里面，那是为它的后代准备的食物。一旦产下了一枚卵，她就会把这个巢穴封闭起来，并着手开始新巢的建造。

墨西哥长腰马蜂（*Mischocyttarus mexicanus*）

马蜂将木纤维和唾液混合在一起，作为筑巢的材料。在每一个巢室里都有一枚卵，它们在工蜂的悉心照料下逐渐孵化为幼虫，最后发育成熟，并按照其既定的角色加入蜂群当中。

农耕之冠

谈论起昆虫的智慧，不妨了解一下它们缜密精妙的农业实践。

例如，许多种蚂蚁类群都在创新、利用环境以及与其他物种互动等方面表现得相当出色。切叶蚁能在一天之内将一棵树上的叶子尽数裁去，并利用这些绿色的碎片来培养一种真菌，然后将这种真菌喂给它们的幼虫。

其他种类的蚂蚁则懂得圈养蚜虫，以享用它们分泌出的含糖排泄物（蜜露）。这些蚂蚁像管理牛群一样管理蚜虫，同时还会产生一种能使蚜虫镇静并阻止它们长出翅膀的化学物质。

而蜜罐蚁会喂食它们自己的同类。某些工蚁（贮蜜蚁）会一次性啜饮大量的蜜糖，最终成为其他蚂蚁的"活体果汁盒"。

墨西哥蜜罐蚁（*Myrmecocystus mexicanus*）

全球已知有超过 30 种蜜罐蚁。在这些蚂蚁的种群中，一部分特定的工蚁会让自己的腹部充盈膨胀，来储存水分和糖分以备荒年之需。许多土著民族都会食用这些甜中带酸的昆虫。

德州芭切叶蚁（*Atta texana*）

切叶蚁维持着一套繁忙的产业体系，各种工作由不同类型的工蚁分头负责。这些蚂蚁将树叶碎片搬运回地下的蚁巢，同巢的其他蚂蚁会将其咀嚼成碎末，作为培养一种特殊真菌的基质，而这种真菌正是切叶蚁幼虫唯一的食物。

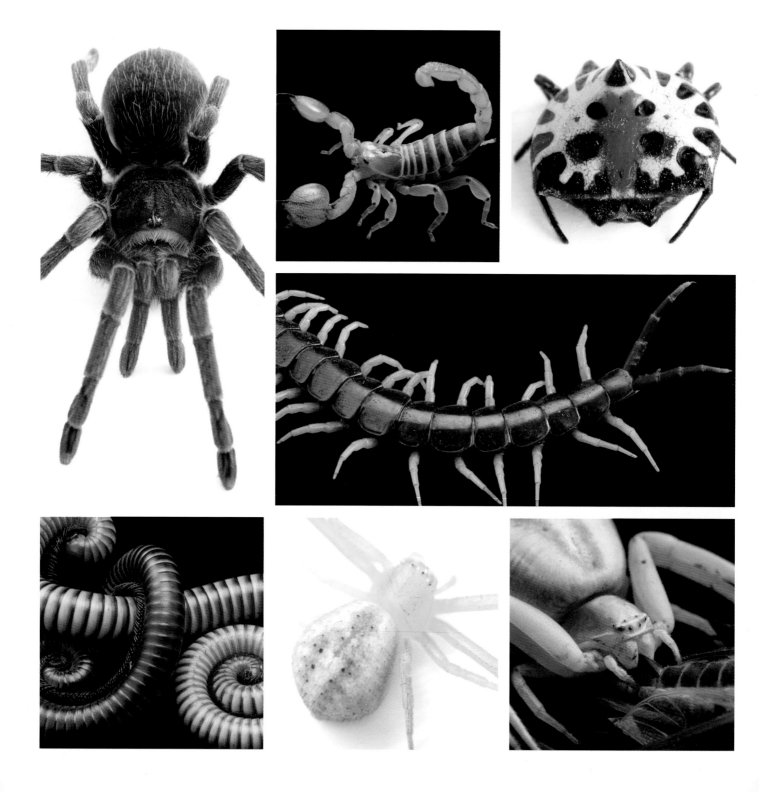

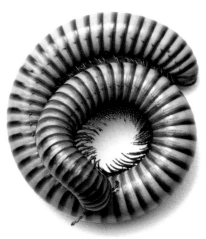

更多节肢动物

师出同门

　　沿着生命之树的另一根枝杈，你会发现许多与昆虫关系密切的生物。蜘蛛和蝎子、蜱虫和螨虫、马陆和蜈蚣，它们与海螯虾、螃蟹以及淡水螯虾等甲壳类动物一同隶属于节肢动物门。节肢动物（arthropod）的英文源自希腊语，意为"关节"和"足"。节肢动物有两个共同的基本特征：两侧对称的体躯结构和外骨骼体壁。研究人员基于这些动物的腿、眼睛以及身体其他部位的数量，来区分昆虫和其他的节肢动物表亲，这是他们的研究方法之一。

　　节肢动物占据了动物界全部物种数量的四分之三以上，是动物界中最庞大的门类。其中一些类群的个头娇小无比：有一种南美洲蜘蛛，其雄性个体的大小不超过这句话末尾的句号。另一些则是当之无愧的巨无霸：同样来自南美的亚马孙巨人捕鸟蛛，其足展可达 30 厘米。尽管名为"捕鸟蛛"，但事实上它们大多以大型节肢动物以及老鼠和青蛙等为食，极少捕食鸟类。

　　许多节肢动物常常会引起人们的强烈反感，但我们不应该将任何一个物种妖魔化。每一种生物都有其独特的魅力，值得我们更加细心地深入观察与探究。

上图　美洲钝眼蜱（*Amblyomma americanum*）
左及右图　变异革蜱（*Dermacentor variabilis*）
左页图　蟹蛛（*Mecaphesa* sp.）

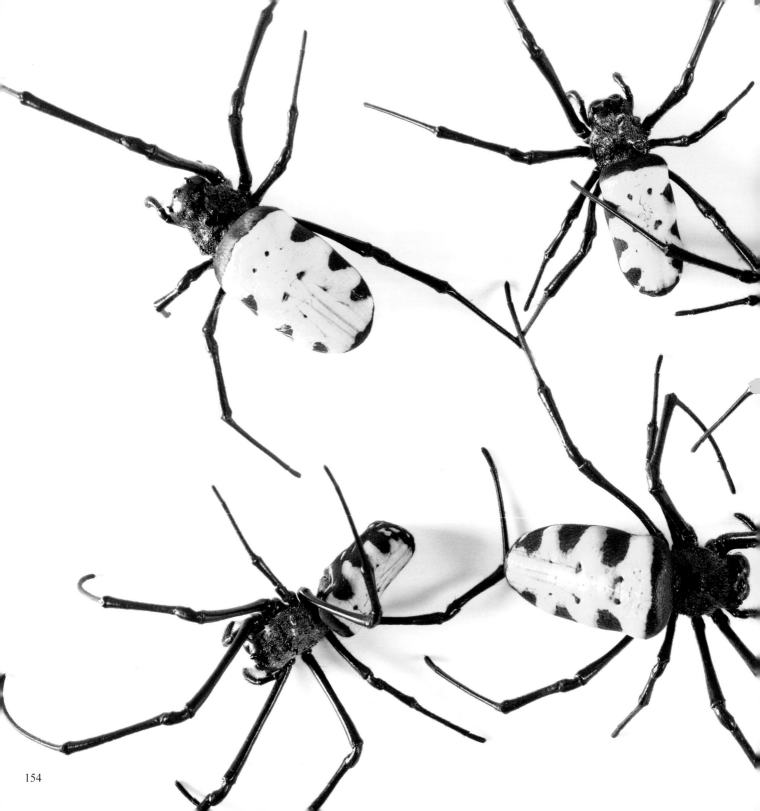

奇迹之网

是什么特质使蜘蛛在赢得了一些人尊敬的同时，却也让另一些人厌恶？是它们长长的八条腿？还是那数量众多的眼睛？又或是它们猎食活物的习性？

或许人类早已感受到了它们作为捕食者的聪明才智。最显而易见的莫过于部分蜘蛛利用网捕猎的奇巧方式了。蜘蛛丝由蜘蛛腹部被称为纺器的器官分泌，这一灵活的构造使蜘蛛能够创造出如蕾丝般复杂的蛛丝结构，无论是包裹美味的食物，还是为陷阱门装上铰链，抑或作为御风而行的保险绳，都不在话下。

蛛丝是一种纤细且具有韧性的非凡材料，其抗拉强度足以与人类发明的钢材和凯夫拉纤维相匹敌。在实验室中试图复刻蛛丝理化性质的研究者们发现，即使是一根粗细仅为人类头发千分之一的蜘蛛丝，也是由多根纳米丝绞合而成的，这种纳米丝的直径仅有毫米的二千万分之一。试想一下，我们人类巨型多股电缆的设计可能早在亿万年前就已经在织网的蜘蛛类群中演化出来了。

特氏毛络新妇（*Trichonephila turneri*）
园蛛科蜘蛛的个头虽然不及捕鸟蛛，但在蜘蛛家族中也算是名列前茅，它们以擅长编织悬挂于空中的精致圆网来捕获猎物而著称。图中这一来自西非的物种栖息于赤道几内亚的比奥科岛。

饰纹绿蛛（*Viridasius fasciatus*）

图上这一可爱的生物仅在马达加斯加有分布，且鲜有近亲。不仅它所在的属仅有这一个物种，甚至它所属的科——绿蛛科内也没有太多成员。

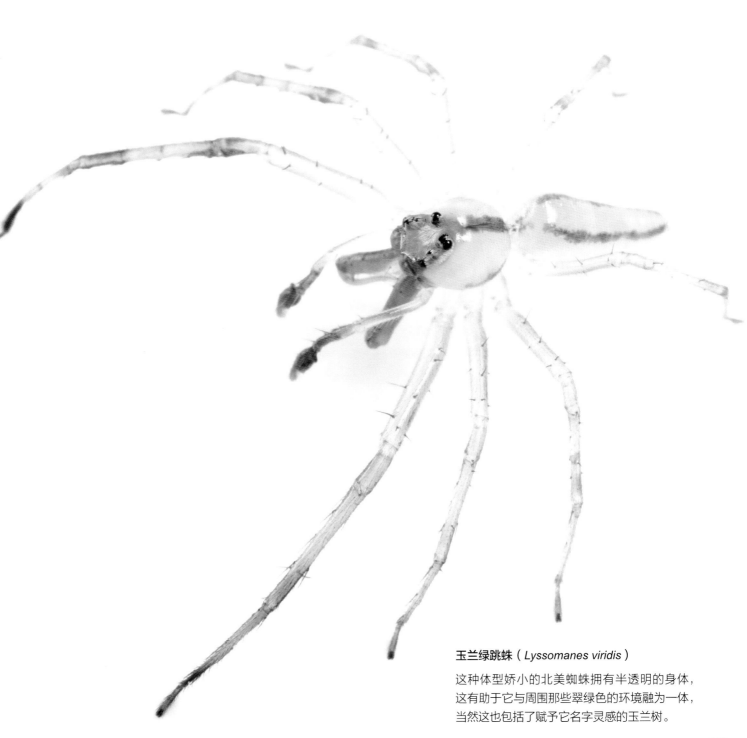

玉兰绿跳蛛（*Lyssomanes viridis*）

这种体型娇小的北美蜘蛛拥有半透明的身体，
这有助于它与周围那些翠绿色的环境融为一体，
当然这也包括了赋予它名字灵感的玉兰树。

莱氏壶腹蛛（*Crossopriza lyoni*）

这种蜘蛛原产于亚洲，但现如今已遍布全球。雌性个体会用它的螯肢携带一包卵，直到幼蛛孵化。

截腹盘腹蛛（*Cyclocosmia truncata*）

这种蜘蛛会在沙质土壤中挖掘隧道，并制造一个由蛛丝充当铰链的翻盖结构（即它的"活板门"），然后躲在洞中伺机弹出来抓住猎物。通常它会将其柔软的前半截身子全都藏于地下，同时用扁平且坚硬如铠甲的腹盘把洞道堵住，从而抵挡掠食者的骚扰。

宽肋盘腹蛛（*Cyclocosmia latusicosta*）

这种分布于亚洲的活板门蜘蛛（盘腹蛛）虽然个头不小，但也只有 2.5 厘米宽，它也被称为"奥利奥蛛"，但仅有奥利奥的一半大小。

左页图
砂拉越地虎捕鸟蛛（*Phormingochilus everetti*）

本页图　上（左至右）
墨西哥火脚捕鸟蛛（*Brachypelma boehmei*）
特立尼达倭虎捕鸟蛛（*Cyriocosmus elegans*）
中（左至右）
粉红斑马脚捕鸟蛛（*Eupalaestrus campestratus*）
巴西彩树捕鸟蛛（*Typhochlaena seladonia*）
下（左至右）
哥伦比亚南瓜捕鸟蛛（*Hapalopus formosus*）
泰国金属蓝捕鸟蛛（*Haplopelma lividum*）

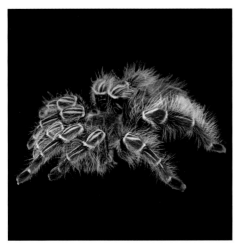

虫言虫语

捕鸟蛛

　　捕鸟蛛简直是蜘蛛界的泰迪熊。这一家族包含了超过 850 个物种，它们大多体型庞大，长着一身蓬松的细毛，虽然外表令人生畏，但它们对人类并不能构成多大威胁。捕鸟蛛科的蜘蛛广泛分布于世界各地的沙漠及热带地区，尽管有些捕鸟蛛被爱好者带到了家中成了宠物。与此同时，某些捕鸟蛛的宠物贸易市场早已供不应求，部分黑市交易已经威胁到了它们野外种群的生存。

　　有的捕鸟蛛生活在树上，有的则在地下挖洞栖居。研究发现，有一些捕鸟蛛会和小型蛙类栖息在一起，发展出了一种互利共生的关系：蜘蛛能够吓走青蛙的捕食者，青蛙则会吃掉那些伺机取食蛛卵和幼蛛的蚂蚁。

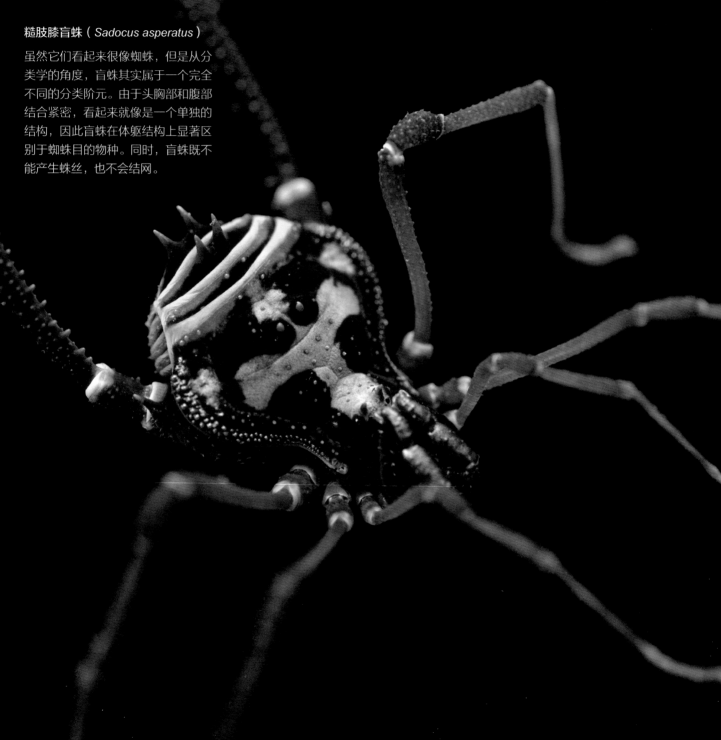

糙肢膝盲蛛（*Sadocus asperatus*）

虽然它们看起来很像蜘蛛，但是从分类学的角度，盲蛛其实属于一个完全不同的分类阶元。由于头胸部和腹部结合紧密，看起来就像是一个单独的结构，因此盲蛛在体躯结构上显著区别于蜘蛛目的物种。同时，盲蛛既不能产生蛛丝，也不会结网。

墨足平丘盲蛛（*Leiobunum nigropalpi*）

这种生物也被称为"长脚爷叔"，它们长着八条腿和一对触肢（比步足更小的第二对附肢），也属于盲蛛。这只盲蛛失去了一条腿！

肥尾杀人蝎（*Androctonus crassicauda*）

这种分布于北非和中东的蝎子能分泌毒性极强的毒液，是世界上最为致命的生物之一。研究者们正在探索利用其毒液来抑制癌细胞生长的可能性。

螯爪与螯针

　　单是瞥一眼那粗壮的大螯和弯曲的尾巴，你就知道那是一只蝎子。蝎子遍布于世界上除南极洲以外的每一个大洲，这极好地证明了它们对于各种截然不同环境的强大适应能力。有的蝎子居住在洞穴中，有的则生存在荒漠，有的蝎子寓居于岩石缝隙，有的则栖息在潮汐留下的潮池地带。有些蝎子能承受严酷的极寒，有些能忍受超过 43℃热浪的炙烤。蝎子在求偶时，会上演一种复杂的求偶舞蹈，被称为"双人漫步"。母蝎会直接产下体躯结构完整但十分弱小的幼蝎，这些小蝎子会骑在母亲的背上，直到它们的外骨骼充分硬化后才会独立生活。

杂色琴鞭蛛（*Damon variegatus*）

这些分布于非洲的鞭蛛没有能够分泌毒液的尾针，因而它们对人类来说基本无害，有些人甚至会把它们当成宠物来饲养。

海地巨人蜈蚣（*Scolopendra alternans*）

这种蜈蚣主要分布在加勒比地区和佛罗里达州南部，是名副其实的大型蜈蚣，有测量记录显示其体长可达 15 厘米。

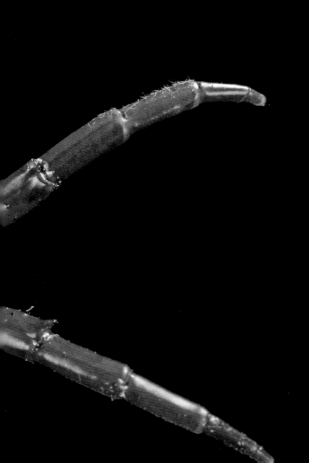

環角亚氏环山蛩（*Anadenobolus monilicornis*）
当面临威胁时，马陆常常会将自己蜷缩成一个球，这样既能够保护它们柔嫩的腹面结构，又可避免被捕食者一口吞掉。

百腿千足

  蜈蚣和马陆都隶属于多足亚门（Myriapoda），它们的确都拥有数量众多的腿。蜈蚣和马陆的英文名字分别意味着一百条和一千条腿，但实际情况则要复杂得多。多足亚门的生物都有长长的、由多个体节组合而成的身体。通常，蜈蚣拥有 30 ~ 400 条腿，而马陆可能长着超 100 条腿。

  2020 年，科学家们在澳大利亚探索一个矿洞时，在 60 米深处发现了一个马陆新物种，被命名为 *Eumillipes persephone*（冥后真千足虫），以被迫居住在冥界的希腊女神珀耳塞福涅命名，它有 1 306 条腿，这是有史以来人类发现的第一种名副其实的"千足虫"。

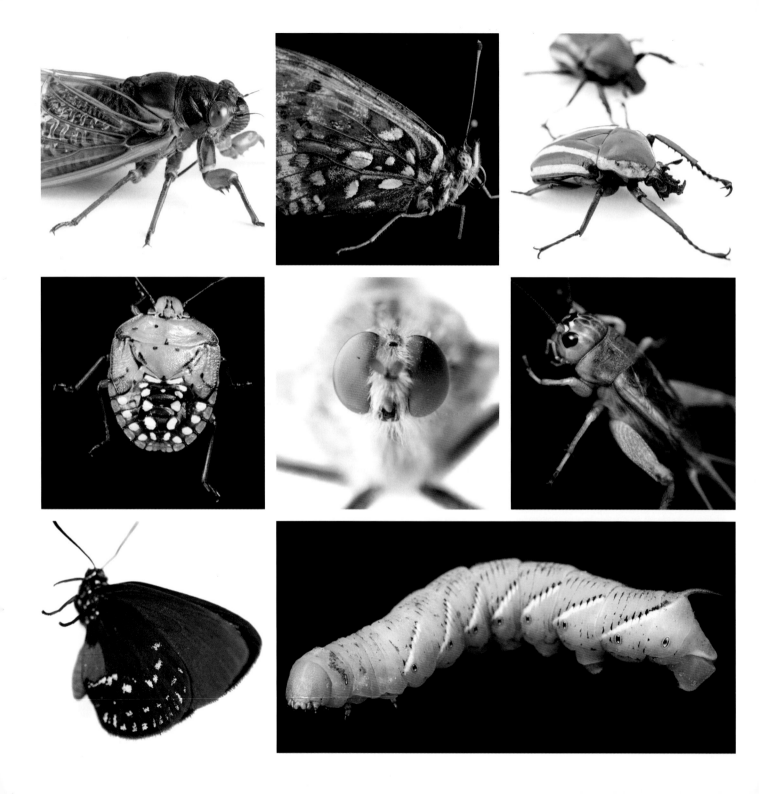

人与虫：共生的世界

知恩报德

　　我们生活的方方面面都有昆虫以及其他节肢动物的身影，而人类却往往对它们熟视无睹。我们会随手拍死一只苍蝇，赶走胡蜂，扫除蜘蛛网，对匆匆走过的蚂蚁视而不见。但倘若你细心观察，便会发现一个充满魅力的新世界。只需多一点思考，你便会意识到，这些生物对其他物种乃至整个星球的生态系统来说有多么重要。

　　我们人类从节肢动物的身上得到了太多的启发，比如它们的勤劳勇敢、灵巧机敏，以及精湛的建造技艺等。包括人类在内，许多动物的食物都依赖于昆虫。某些节肢动物作为生态系统的关键物种，是自然界中生、死以及万物更迭循环中不可或缺的重要纽带。随着人类对昆虫世界越来越了解，我们对自己的世界和我们自身也有了更多的认识。

　　人类的活动，尤其是那些大规模活动，如伐木、建筑、农业（特别是农药的滥用），正从各方面威胁着昆虫的生存。全球气候的变化造成了温度、湿度和四季物候的变化，对昆虫种群产生了巨大的影响，同时也改变了许多与之相关联的植物和动物的生态模式。

　　基于但不局限于上述原因，让我们一同努力，尊重并保护这些地球上的小生灵吧。

本页图　家蟋蟀（*Acheta domesticus*）
左页图　巨首芭切叶蚁（*Atta cephalotes*）

三人行必有我师

  在过去的千百年里，昆虫和蜘蛛的行为给了我们无尽的启发。古埃及人在滚动着粪球穿行于沙漠的甲虫身上看到了日出和日落之神的影子。中国的古文化则尤为尊崇蝉，其神秘的生命周期似乎映射着周而复始、生生不息的超脱之路。在北美土著的神话中，昆虫及其亲缘生物也占有一席之地。蝴蝶、蚂蚁和蜘蛛在他们的奇幻故事中扮演着关键角色，相传一种叫作"巨蝇"的生物能够在人类世界和神界之间起到调和联结的作用。伊索用他的"蚂蚁与蚱蜢"的寓言故事向我们传达了生活的哲理；大约在 2500 年后，E. B. 怀特用夏洛特和她的网向我们展示了文学的无尽魅力。

  当然，不仅仅是文化领域，在科学研究中也不难发现节肢动物的身影：20 世纪 20 年代以来，研究人员一直在用果蝇来探索遗传学和免疫系统的奥秘。据统计，至少有三项诺贝尔奖级别的发现依赖于对果蝇（*Drosophila*）的研究。

崎壮花金龟黄腹亚种（*Pachnoda sinuata flaviventris*）
金龟家族包含约 3 万种甲虫。虽然图中这种漂亮的非洲花金龟在古埃及时代可能还未被人们所知晓，但其独树一帜的形状和色彩却能使我们窥见，为何古埃及人会将金龟这类昆虫奉为神圣的生物。

黑腹果蝇（*Drosophila melanogaster*）

下次当你赶走那些围绕着熟透的香蕉乱飞的果蝇时，或许应该再多看它们一眼。果蝇在过去的 100 多年中已经成了遗传学研究中最有用的实验动物。科学家发现它们极易饲养且数量众多，在人工环境下，每 10 ~ 12 天即可完成一轮繁殖周期。

十七年蝉（*Magicicada septendecim*）

这种蝉在幼年时会藏匿于地下长达 17 年之久，然后集群大量涌现，先是以老熟若虫的形态悄然破土而出，接着便羽化成有着巨大眼睛和翅膀的大嗓门生物。从古代的中国到北美的霍皮族，在许多古老文化的神话传说中，都能找到蝉的身影。

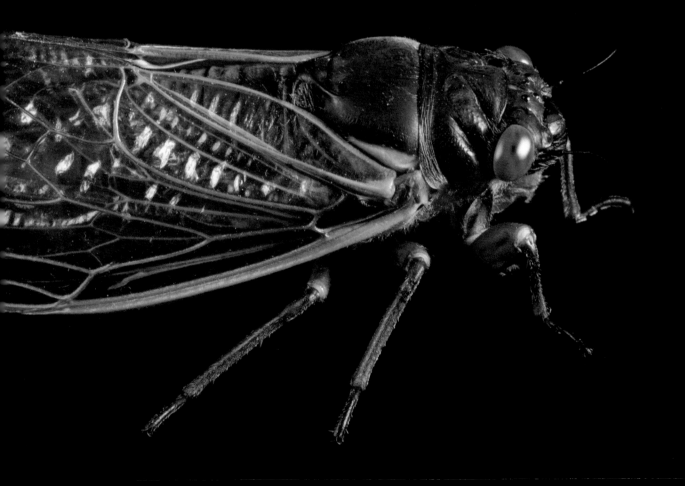

佩琉斯闪蝶（ *Morpho peleides* ）

这是一种来自巴拿马的蝴蝶，它们迷人的蓝色来自翅膀鳞片上独特的微观结构，被称为结构色。纳米技术专家正在借鉴这一结构色技术并试图进行实际生产应用，例如制作难以伪造的纸币。

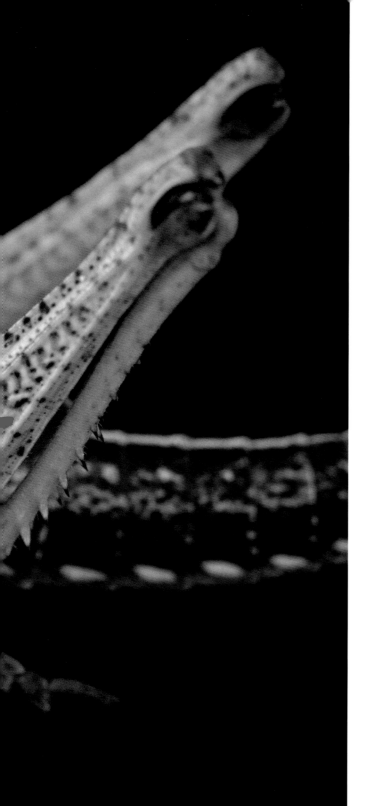

无私馈赠

近期的一份联合国报告敦促全球认识到，我们可以将昆虫作为一种环境友好的、可以养活地球上近八十亿人口的食物来源。对许多人来说，这个想法并不新鲜，已有超 3 000 个不同的民族与群体有着食用昆虫的习俗。

在非洲南部，人们会采集可供食用的蝗虫，其体型可与人类的手指媲美。此外，还有一种大蚕蛾的幼虫，干燥后，其蛋白质的含量达到了近 65%。

油炸蝗虫是泰国常见的小吃，而吃掉它们是抑制当地蝗虫种群无序扩张的有效策略之一。

在墨西哥，人们会烘烤或油炸红色和白色的龙舌兰虫，将其夹到玉米饼中食用，这两种龙舌兰虫分别是一种木蠹蛾和一种弄蝶的幼虫，以龙舌兰为食。有些甚至被放入瓶中，成为正宗的瓦哈卡梅斯卡尔酒。

联合国的这份报告总结道，如果全球其他地区也能学会享用昆虫，我们就可以减轻肉类生产对环境产生的过大压力，使人类更加接近全球粮食安全的美好愿景。

飞蝗（*Locusta migratoria*）
这种蝗虫长期以来都是非洲和亚洲地区的地方美食，在 2021 年，它们被欧洲食品安全局认定为可供人类安全食用的食物。食品制造商们正在考虑如何将它们制成汉堡、小吃和甜品。

非洲翠丽花金龟奥氏亚种（*Chlorocala africana oertzeni*）
蜜蜂和蝴蝶都是我们所熟悉的传粉昆虫，事实上这种色彩
绚丽的花金龟以及其他部分鞘翅目昆虫也会穿梭于花丛间，
在访花的同时为植物传播花粉。

绿奇花金龟（*Agestrata orichalca*）
甲虫与其他许多昆虫一道，为大自然中的生死演替进程做出了卓越的贡献，它们在腐烂的落叶中寻找食物，无形中促进了将落叶转化为丰饶且滋养万物的腐殖土的过程。

互利共赢

许多自然循环的过程都离不开昆虫的参与。

无论是苹果还是百日菊，很多植物都依赖昆虫来传播它们的花粉，从而繁衍生息。蜜蜂可能是最著名的传粉者，实际上大约有 2 万种蜜蜂在这个世界上忙碌地飞翔，它们在不经意间将花粉从一朵花传递到了另一朵。

还有一些其他的特殊关系也将植物和昆虫的命运紧紧地绑在了一起，它们相互依赖，互利互惠。在美洲的热带地区，有一种臭蚁会栖息在号角树上。蚁后在树苗中空的茎内产卵、照料幼虫，其他工蚁则会不知疲倦地在树枝上巡逻并攻击入侵者，连树懒和猴子都不放过。这些蚂蚁保护着它们的幼虫，同时也守护着树木。

蓝边美灰蝶（*Eumaeus atala*）幼虫

在这一相互依赖的关系中，这种蝴蝶的幼虫必须食用一种有毒的苏铁——泽米铁属苏铁的叶子。在 20 世纪中叶，这两种生物在佛罗里达州都已濒临灭绝，但好在当地的保护工作使它们的种群得以复苏。

萨豆灰蝶（*Plebejus samuelis*）

这种小蝴蝶在 1992 年被美国政府宣布为濒危物种。它们的成虫可以在多种植物的花朵上取食，其中就包括了图中这种马利筋。它们的幼虫却只以羽扇豆为食。

拯救昆虫

我们的世界需要昆虫。然而近些年来，那些在空中翩翩起舞的身影已越发难以寻觅，有人甚至直言当下就是昆虫的末日。与此同时，我们依旧在大量喷洒杀虫剂和除草剂，杀死了昆虫以及它们所喜爱的植物。我们建造城市，砍伐森林，使得昆虫的原生栖息地大幅缩减。此外，伴随着气候的变化，不仅仅是昆虫，几乎所有的野生动物都在面对失去栖息地的困境。

但是，这一切还并没到无可挽回的田地。您可以做些力所能及的事情来帮助改变这一局面，比如种植昆虫喜爱的本土原生植物，或是支持亲自然的组织和法规的建立。从社区到国家，只需众志成城，昆虫的生存窘境必将迎来转机。

认识到问题的严重性只是个良好的开端，采取行动才是解决问题的关键。是时候认真思考我们人类到底应该如何同自然相处了。

如果你担心这一切被淡忘，那么请再看一眼这些绚丽多彩的传奇生物吧。我们需要昆虫，恰好它们也需要我们。

右页图　内华达椭鞘虎甲林肯亚种
（*Ellipsoptera nevadica lincolniana*）

本页图
上（左至右）
保厄希克奥弄蝶（*Oarisma poweshiek*）
西芒杜蜚蠊（*Simandoa conserfariam*）
中　长齿狼夜蛾（*Dichagyris longidens*）
下（左至右）
豪勋爵岛竹节虫（*Dryococelus australis*）
红矩安蛱蝶佛州亚种（*Anaea troglodyta
　floridalis*）
小巴里尔岛巨沙螽（*Deinacrida heteracantha*）

豪勋爵岛竹节虫（*Dryococelus australis*）

这种竹节虫体型庞大，体长可达 13 厘米，原产于澳大利亚东部的岛屿，由于鼠类被人类无意中引入其栖息地并在当地大肆破坏，这种竹节虫的种群数量急速下降，甚至一度被认为已经灭绝。好在人们在野外发现了新的小规模种群，人工圈养的豪勋爵岛竹节虫也繁殖成功，它们的数量正在逐渐回升。

美洲覆葬甲（ *Nicrophorus americanus* ）

这种绚丽夺目的甲虫在 20 世纪 20 年代曾广泛分布于美国东部。但据昆虫专家称，它们遭受了昆虫中最为灾难性的种群哀减之一。现在，这种覆葬甲仅有少数种群幸存，生活在野外和昆虫动物园中。

各篇章页物种信息

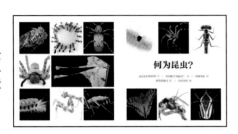

第一排左起：雷氏突缘蝉（*Oxypleura lenihani*）；红火蚁（*Solenopsis invicta*）；石纹污天牛（*Moechotypa marmorea*）；无忧花丽毒蛾（*Calliteara horsfieldii*）幼虫；巨人霍尔蛛（*Holconia immanis*）；太平洋异痣蟌（*Ischnura cervula*）；第二排左起：巨蟹蛛（*Typostola* sp.）；非洲月大蚕蛾（*Argema mimosa*）；第三排左起：鳞翅目幼虫；小魔花螳（*Blepharopsis mendica*）；美东笨蝗（*Romalea guttata*）若虫；赤焰螯蛱蝶（*Charaxes lasti*）；奥克兰树沙螽（*Hemideina thoracica*）；白条花金龟（*Dicronorhina derbyana*）

第一章

第一排左起：石冢鸟翼凤蝶（*Ornithoptera euphorion*）；多刺林纹螽（*Phricta spinosa*）；真龙虱（*Cybister* sp.）；孟加拉刺棘蜥（*Spinohirasea bengalensis*）雄性若虫；斜纹异食蚜蝇（*Allograpta obliqua*）；第二排左起：皇角蠋蛾与华丽角蠋蛾杂交种（*Citheronia regalis × splendens*）幼虫；毛里塔尼亚杀人蝎（*Androctonus mauritanicus*）；第三排左起：菜蝽（*Eurydema* sp.）；丝光绿蝇（*Lucilia sericata*）；柠黄梳龟甲（*Aspidimorpha citrina*）；多形蜈蚣（*Scolopendra polymorpha*）；寻猎星步甲（*Calosoma scrutator*）；红眼恶魔螽（*Neobarrettia spinosa*）

第二章

第一排左起：卡罗来纳虎甲（*Tetracha carolina*）；青蜂（*Chrysis* sp.）；异色筛龟甲（*Chelymorpha cribraria*）；古毒蛾（*Orgyia* sp.）幼虫；福氏丽翅灯蛾（*Euchromia folleti*）；第二排左起：巴西彩树捕鸟蛛（*Typhochlaena seladonia*）；长翅钝露螽（*Amblycorypha oblongifolia*）；第三排左起：暗绿白纹夜蛾（*Leuconycta diphteroides*）；鞍背刺蛾（*Acharia stimulea*）幼虫；黑肩弓背角蝉（*Umbonia ataliba*）；大绿星花金龟（*Protaetia speciosissima*）；闪兰绿蟌（*Enallagma civile*）

第三章

第一排左起：茧蜂（*Archibracon* sp.）；伊莎贝拉赤绒灯蛾（*Pyrrharctia isabella*）幼虫；青蜂（*Chrysis* sp.）；负子蝽科（Belostomatidae）；稻绿蝽（*Nezara viridula virgifera*）；第二排左起：马铃薯叶甲（*Leptinotarsa decemlineata*）；角新齿蛉（*Corydalus cornutus*）幼虫；双旗斑跳蛛（*Anasaitis canosa*）；第三排左起：德氏小卷蛾（*Cydia deshaisiana*）；古巴虫（*Cubaris* sp.）；安泰青凤蝶（*Graphium antheus*）；家蚕（*Bombyx mori*）幼虫与茧；剑角蝗（*Acrida* sp.）若虫

第四章

第一排左起：带纹根萤叶甲（*Diabrotica balteata*）；夹竹桃蚜（*Aphis nerii*）；豚草条纹叶甲（*Zygogramma suturalis*）；双峰凸蜣螂（*Deltochilum gibbosum*）；绿嗜粉蜂（*Agapostemon virescens*）；稻绿蝽（*Nezara viridula virgifera*）若虫；第二排左起：木蜂（*Xylocopa* sp.）；杂色带蝗（*Zonocerus variegatus*）；第三排左起：红棒球灯蛾（*Tyria jacobaeae*）；向日葵长须蜂（*Svastra obliqua*）；万圣节旗蜻（*Celithemis eponina*）；蓟毛蚁蜂（*Dasymutilla gloriosa*）；黄绿波青尺蛾（*Prasinocyma semicrocea*）；胡桃巨虎天牛（*Megacyllene caryae*）

第五章

第一排左起：阿根廷啡黄捕鸟蛛（*Acanthoscurria suina*）；黯蝎（*Scorpio maurus*）；福氏钮棘腹蛛（*Aetrocantha falkensteini*）；草绿松猫蛛（*Peucetia viridans*）；马陆（*Diplopoda* sp.）；鲁蛛（*Luthela* sp.）；第二排左起：北美巨人蜈蚣（*Scolopendra heros heros*）；第三排左起：索诺拉漠蛩（*Orthoporus ornatus*）；弓足梢蛛（*Misumena vatia*）；弓足梢蛛（*Misumena vatia*）；非洲扁石蝎（*Hadogenes troglodytes*）；间斑寇蛛（*Latrodectus tredecimguttatus*）

第六章

第一排左起：周期蝉（*Magicicada* sp.）；泽斑豹蛱蝶俄勒冈亚种（*Argynnis zerene hippolyta*）；白条花金龟莱氏亚种（*Dicronorhina derbyana layardi*）；美洲覆葬甲（*Nicrophorus americanus*）；内华达椭鞘虎甲林肯亚种（*Ellipsoptera nevadica lincolniana*）；萨豆灰蝶（*Plebejus samuelis*）幼虫；第二排左起：稻绿蝽（*Nezara viridula virgifera*）若虫；埃尔塞贡多拟食虫虻（*Rhaphiomidas terminatus terminatus*）；黑田蟋（*Gryllus assimilis*）；第三排左起：蓝边美灰蝶（*Eumaeus atala*）；烟草天蛾（*Manduca sexta*）幼虫；茎甲（*Sagra* sp.）；马岛虎纹蟑螂（*Princisia vanwaerebecki*）；条斑白眉天蛾（*Hyles lineata*）

第七章

昆虫及其他节肢动物名录索引

本书中的部分物种照片是在动物园、野生动物保护中心以及其他动物保护区拍摄的。对于这些照片，我们尽可能提供了相关机构的名称。另一些照片的拍摄对象则是户外采集的活体昆虫，这些昆虫在拍摄完成后都被放归到了其原本的栖息地中。对于这类照片，我们都给出了采集地的地理位置信息。

122：豚草条纹叶甲 , Cedar Point Biological Station, Ogallala, Nebraska
122：木蜂 , Gorongosa National Park, Mozambique
122：杂色带蝗 , Manjo, Cameroon
122：红棒球灯蛾 , Trinity Western University, Langley, British Columbia, Canada
122：向日葵长须蜂 , Wilson Ranch, Lakeside, Nebraska
122：万圣节旗蜻 , Kissimmee Prairie Preserve State Park, Okeechobee, Florida
123：双峰凸螳螂 , Saint Louis Zoo, St. Louis, Missouri
123：绿嗜粉蜂 , Lincoln, Nebraska
123：稻绿蝽若虫 , University of Florida Urban Entomology Lab, Gainesville, Florida
123：蓟毛蚁蜂 , Springs Preserve, Las Vegas, Nevada
123：黄绿波青尺蛾 , Lilydale High School, Lilydale, Australia
123：胡桃巨虎天牛 , private collection
124：珀凤蝶 , Lincoln Children's Zoo, Lincoln, Nebraska
125：西方蜜蜂 , Lincoln, Nebraska
126—127：黑金绒熊蜂 , Lincoln, Nebraska
128：袖蝶 , Gamboa, Panama
128：袖蝶 , Saint Louis Zoo, St. Louis, Missouri
128：袖蝶 , Audubon Butterfly Garden and Insectarium, New Orleans, Louisiana
129：袖蝶 , Butterfly Pavilion, Westminster, Colorado
129：袖蝶 , Saint Louis Zoo, St. Louis, Missouri
130—131：棒足毛络新妇 , Saint Louis Zoo, St. Louis, Missouri
132：沙漠蝗 , Moscow Zoo, Moscow, Russia
133：十字园蛛 , Woodland Park Zoo, Seattle, Washington
134：帝王蝶 , Sierra de Chincua, near Angangueo, Mexico
135：帝王蝶 , Bennet, NE 135: Monarch butterfly caterpillar, Lincoln Children's Zoo, Lincoln, Nebraska
135：帝王蝶及其幼虫 , Sierra de Chincua, near Angangueo, Mexico
135：帝王蝶蛹 , Omaha's Henry Doorly Zoo and Aquarium, Omaha, Nebraska
135：帝王蝶幼虫 , Spring Creek Prairie Audubon Center, Denton, Nebraska
135：帝王蝶 , Sierra de Chincua, near Angangueo, Mexico
136：那伊斯虎灯蛾 , Lakeside, Nebraska
137：芹菜夜蛾 , Spring Creek Prairie Audubon Center, Denton, Nebraska
138：蓝胸舞螅 , Cedar Point Biological Station, Ogallala, Nebraska
139：半带赤蜻螅 , Cedar Point Biological Station, Ogallala, Nebraska
140—141：布氏嗡蜣螂 , Manjo, Cameroon
142：佛州弓背蚁 , University of Florida Urban Entomology Lab, Gainesville, Florida
143：兰屿喙蝶蠃 , Jumalon Butterfly Sanctuary, Cebu City, Philippines
144—145：墨西哥长腰马蜂 , Audubon Butterfly Garden and Insectarium, New Orleans, Louisiana
146—147：墨西哥蜜罐蚁 , BUGarium, ABQ BioPark, Albuquerque, New Mexico
148—149：德州芭切叶蚁 , Dallas Zoo, Dallas, Texas

更多节肢动物
150：阿根廷啡捕鸟蛛 , private collection
150：黰蝎 , University of Porto, Porto, Portugal
150：福氏钮棘腹蛛 , Bioko Island, Equatorial Guinea
150：北美巨人蜈蚣 , private collection
150：索诺拉漠蛅 , Fort Worth Zoo, Fort Worth, Texas
150：弓足梢蛛 , Spring Creek Prairie Audubon Center, Denton, Nebraska
150：弓足梢蛛 , Spring Creek Prairie Audubon Center, Denton, Nebraska
151：草绿松猫蛛 , Audubon Butterfly Garden and Insectarium, New Orleans, Louisiana
151：马陆 , University of the Philippines Los Baños, Laguna, Philippines
151：鲁蛛 , private collection
151：非洲扁石蝎 , Saint Louis Zoo, St. Louis, Missouri
151：间斑寇蛛 , Museum of Nature South Tyrol, Bolzano, Italy
152：蟹蛛 , Crosslake, Minnesota
153：美洲钝眼蝎 , Spring Creek Prairie Audubon Center, Denton, Nebraska
153：变异革蝉 , Lincoln, Nebraska
153：变异革蝉 , Sedge Island Natural Resource Education Center, Barnegat Bay, New Jersey
154—155：特氏毛络新妇 , Bioko Island, Equatorial Guinea
156：饰纹绿蛛 , Moscow Zoo, Moscow, Russia
157：玉兰绿跳蛛 , University of Florida Urban Entomology Lab, Gainesville, Florida
158—159：莱氏壶腹蛛 , Audubon Butterfly Garden and Insectarium, New Orleans, Louisiana
160：截腹盘腹蛛 , Auburn University Museum of Natural History, Auburn, Alabama
161：宽肋盘腹蛛 , private collection
162：砂拉越地虎捕鸟蛛 , private collection
163：墨西哥火脚捕鸟蛛 , Brevard Zoo, Melbourne, Florida
163：特立尼达倭虎捕鸟蛛 , Moscow Zoo, Moscow, Russia
163：粉红斑马脚捕鸟蛛 , Dallas Zoo, Dallas, Texas
163：巴西彩树捕鸟蛛 , Dallas Zoo, Dallas, Texas
163：哥伦比亚南瓜捕鸟蛛 , private collection
163：泰国金属蓝捕鸟蛛 , Omaha's Henry Doorly Zoo and Aquarium, Omaha, Nebraska
164：糙肢膝盲蛛 , Reserva Nacional de Fauna Andina Eduardo Avaroa, Bolivia
165：墨足平丘盲蛛 , Crosslake, Minnesota
166：肥尾杀人蝎 , Moscow Zoo, Moscow, Russia
167：杂色琴鞭蛛 , Fort Worth Zoo, Fort Worth, Texas
168：海地巨人蜈蚣 , Omaha's Henry Doorly Zoo and Aquarium, Omaha, Nebraska
169：环角亚氏环山蛩 , Loveland Living Planet Aquarium, Draper, Utah

人与虫：共生的世界
170：周期蝉 , Gretna, Nebraska
170：泽斑豹蛱蝶俄勒冈亚种 , Woodland Park Zoo, Seattle, Washington
170：白条花金龟莱氏亚种 , Zoopark Zájezd, Zájezd, Czechia
170：稻绿蝽若虫 , University of Florida Urban Entomology Lab, Gainesville, Florida
170：埃尔塞贡多拟食虫虻 , Malaga Dunes, Palos Verdes Estates, California
170：黑田蟋 , Wrocław Zoo, Wrocław, Poland
170：蓝边美灰蝶 , McGuire Center for Lepidoptera and Biodiversity, Florida Museum of Natural History, Gainesville, Florida
170：烟草天蛾幼虫 , Audubon Butterfly Garden and Insectarium, New Orleans, Louisiana
171：美洲覆葬甲 , Saint Louis Zoo, St. Louis, Missouri
171：内华达楠鞘虎甲林肯亚种 , University of Nebraska–Lincoln, Lincoln, Nebraska
171：萨巴灰蝶幼虫 , Toledo Zoo, Toledo, Ohio
171：茎甲 , Audubon Butterfly Garden and Insectarium, New Orleans, Louisiana
171：马岛虎纹蟑螂 , Plzeň Zoo, Plzeň, Czechia
171：条斑白眉天蛾 , Cedar Point Biological Station, Ogallala, Nebraska
172：巨首芭切叶蚁 , Omaha's Henry Doorly Zoo and Aquarium, Omaha, Nebraska

173：家蟋蟀，Lincoln, Nebraska
173：家蟋蟀，Panama Amphibian Rescue and Conservation Project Center, Gamboa, Panama
174—175：崎壮花金龟黄腹亚种，Safari Park Dvůr Králové, Dvůr Králové, Czechia
176—177：黑腹果蝇，University of Florida Urban Entomology Lab, Gainesville, Florida
178—179：十七年蝉，Gretna, Nebraska
180：佩琉斯闪蝶，Audubon Butterfly Garden and Insectarium, New Orleans, Louisiana
181：佩琉斯闪蝶，McGuire Center for Lepidoptera and Biodiversity, Florida Museum of Natural History, Gainesville, Florida
182—183：飞蝗，Auckland Zoo, Auckland, New Zealand
184：非洲翠丽花金龟奥氏亚种，Budapest Zoo and Botanical Garden, Budapest, Hungary
185：绿奇花金龟，Audubon Butterfly Garden and Insectarium, New Orleans, Louisiana

186—187：蓝边美灰蝶幼虫，McGuire Center for Lepidoptera and Biodiversity, Florida Museum of Natural History, Gainesville, Florida
188—189：萨豆灰蝶，Toledo Zoo, Toledo, Ohio
190：保厄希克奥弄蝶，Minnesota Zoo, Apple Valley, Minnesota
190：西芒杜蜚蠊，BUGarium, ABQ BioPark, Albuquerque, New Mexico
190：长齿狼夜蛾，Santa Fe, New Mexico
190：豪勋爵岛竹节虫，Auckland Zoo, Auckland, New Zealand
190：红矩安蛱蝶佛州亚种，McGuire Center for Lepidoptera and Biodiversity, Florida Museum of Natural History, Gainesville, Florida
190：小巴里尔岛巨沙螽，Melbourne Zoo, Parkville, Australia
191：内华达椭鞘虎甲林肯亚种，University of Nebraska–Lincoln, Lincoln, Nebraska
192—193：豪勋爵岛竹节虫，Melbourne Zoo, Parkville, Australia
194—195：美洲覆葬甲，Saint Louis Zoo, St. Louis, Missouri
自 1888 年以来，国家地理学会已资助了全球超过 14 000 个研究、保护、教育和叙事项目。

关于"影像方舟"

动物与环境之间有着复杂的交互作用，这关系着我们称之为"家园"的这颗星球的健康。然而，对许多物种来说，它们的时间恐怕已经所剩无几。一旦某个物种从地球上彻底消失，我们所有人都可能会受到影响。国家地理"影像方舟"项目是一个持续多年的项目，其宗旨是敦促公众了解那些影响野生动物及其栖息地的迫在眉睫的问题，并寻找解决之策。这个项目由乔尔·萨托创立，他是国家地理的探险家、摄影师，曾于 2018 年荣获国家地理探险家年度大奖。"影像方舟"项目希望能记录世界各地动物园、水族馆和野生动物保护区中的每一个珍稀物种，以科普教育激发公众保护动物的热情，从而支持实地保护工作，助力拯救野生动物。

十多年前，乔尔在他的家乡内布拉斯加州林肯市开始了国家地理"影像方舟"项目。从那时起,他用双脚丈量世界，努力创建一个全球生物多样性的图像档案，其中将涵盖超 2 万个物种，包括鸟类、鱼类、哺乳动物、爬行动物、两栖动物以及无脊椎动物。"影像方舟"将成为其中每种动物存在的重要记录，同时也是我们一同努力去拯救它们的重要证言。

请加入我们，通过分享支持和行动，一起为这个世界做出改变。

2015 年 12 月，在巴黎气候协定会谈持续进行之时，"影像方舟"的蝴蝶照片被投影在梵蒂冈的圣彼得大教堂上。

拍摄过程

有些昆虫实在是太微小了，一不留神就会从我们的眼皮底下溜走。到底该用何种方式来拍摄它们呢？这需要一个团队。

许多动物园都饲养活体昆虫，这使得拍摄工作变得迅速且简单。但对于那些只存在于野外的物种，我会与真正的昆虫学家联手，只有他们才知道该去哪里寻找目标物种。在白天，我们用捕虫网来集昆虫，到了晚上，则改用白色的布单和大功率的灯泡来诱捕，将这些小生物吸引到我们眼前。我们的专家对昆虫了如指掌，这让我们能近乎准确地辨认所有的被摄对象。只有少数昆虫需要经过复杂的鉴定过程，毕竟有些昆虫的形态特征实在是太相似了，很难直接区分。

乔尔·萨托在内布拉斯加州的家中找到了无害的方法来捕捉和拍摄昆虫，然后再将它们放归野外。

拍摄过程大致是这样的：我们依次将每只昆虫单独放进桌面上的一顶白色摄影棚内。这个小摄影棚需要容纳镜头和闪光灯，同时保证大多数放入其中的小生物不能随意跑出来。当我在家里拍摄胡蜂和蜜蜂时，这一点就显得尤为重要。我的妻子可真是一个天使。

微距镜头让我可以更加靠近被摄对象，使其几乎填满整个画面，黑白背景则使这个视觉世界保持纯净，消除所有的无关干扰。最重要的一点是，拍摄结束后，这些小家伙都会被放回它们原来的地方。

在后期处理时，每张照片都会在屏幕上被放大检查，我们的团队会去除图片中所有的灰尘和污垢，营造一种零干扰的极致体验，让你最大程度地从视觉上贴近这些神奇的动物。

一封来自昆虫学家的信

我步入昆虫学殿堂全凭偶然。这是一段由"试试也无妨""能差到哪去呢"和对过敏原缺乏了解而误打误撞开始的职业生涯。我很早就对无脊椎动物产生了浓厚的兴趣，会在雨后寻找蠕虫的踪迹，观察蚂蚁们在桌面上辛勤地搬运零星的面包屑，以及把西瓜虫（球鼠妇）放在我的手臂上，看它能跑多远。

泰勒·琼丝

我首次主动深入地了解昆虫世界，是在离地五层楼的高处，我周围全是飞舞着的蜜蜂。如今回想起来，正是早期在亚特兰大养蜂的日子，让我重新反思了我与昆虫和自然的疏远关系。后来，我将厚重的养蜂服换成了只有面纱和长袖的轻衣，厚厚的皮手套也变成了薄薄的丁腈手套，甚至在天气晴好且蜂群相对稳定时，我会赤手上阵。

昆虫的世界就像是一部纪实的科幻小说。那是全然不同的另一个世界，它们在我们的脚下爬过，在我们的身边飞翔。它们在寂静的冬天里静静地等待，在夏夜为我们奏响乐章。

我并不是要说服你去热爱所有的昆虫。哪怕我已获得了昆虫学学位，我也不敢说我"爱"昆虫。但我热爱那无尽的可能性。在本书的最后，我并不想改变你的观点，只愿你能打开心扉，去尝试接受这样一种可能：大多数昆虫并没有你想得那么糟糕。

泰勒·琼丝是一位昆虫学家、自由科学作家，以及一支科学传播团队的协调员。作为一名经验丰富的科学传播工作者，无论是线下交流、撰文写作还是多媒体分享，她都在不断地探索如何用出色的故事去构建爱好者社群并加强人与人之间的密切联系。在本书中，泰勒参与了文本部分的撰写，并在成书过程中为作者提供了极为关键的昆虫学知识。

致谢

这本书的问世，某种程度上归功于这几年的居家时光。

我们"影像方舟"团队的每个人都不希望工作被迫中断，好在本土的昆虫们让我们有机会实现这一愿望。2020—2021 年，我们共拍摄了超 1 000 个物种。你在这本书里看到的许多生物都是由我的儿子斯宾塞（Spencer）和女儿艾伦（Ellen）采集的。

当然，按下快门只是个开始，最终成书离不开我的团队。我的妻子凯西（Kathy）和我们的长子科尔（Cole）会帮我选择构图合适的照片，然后我再把处理过的照片存入硬盘，交给我们的工作室经理丽贝卡·赖特（Rebecca Wright）。她将其导入我们的系统，把筛选后的照片分发出去，由福里斯特·恰尔内茨基（Forrest Czarnecki）、戴莎·马夸特（Daisha Marquardt）、克里·史密斯（Keri Smith）和布琳·韦尔斯（Bryn Wells）进行整理和分类。萨拉·布思（Sarah Booth）、亚历克斯·克里斯普（Alex Crisp）和埃米莉亚·罗伯茨（Emilia Roberts）负责精修视频。泰勒·罗兹（Taylor Rhoades）负责管理我们的社交媒体账号，将"影像方舟"的最新消息传递给全世界的读者，而克丽丝塔·史密斯（Krista Smith）会确保团队里的每个人都能准时拿到报酬。

当然，我还要感谢帮助我们鉴定所拍摄到的生物的学术团队。洛伦·帕德尔福德（Loren Padelford）和芭布丝·帕德尔福德（Babs Padelford）负责物种鉴定分类的大部分工作，我们的员工，生物学家达科塔·奥尔特曼（Dakota Altman）和莉娜·纳尔逊（Lena Nelson）则会整理归类有关信息，确保一切都有条不紊地持续推进。我们在欧洲的制片人皮埃尔·夏巴纳（Pierre de Chabannes）和纳耶·尤阿基姆（Nayer Youakim）也帮助我们进行了信息核对。昆虫学家泰勒·琼斯（Tyler Jones）和埃里克·伊顿（Eric Eaton）核对了本书的文本和照片，确保其科学信息准确无误。

我还想感谢东海岸的吉尔·蒂芬塔勒（Jill Tiefenthaler）、迈克·乌利察（Mike Ulica）、莉萨·托马萨（Lisa Thomas）、苏珊·希契科克（Susan Hitchcock）、埃莉莎·吉布森（Elisa Gibson）和科尔比·毕晓普（Colby Bishop），感谢他们对我们的持续支持。我还要感谢我们出色的图书设计师约翰·格克（John Goecke）。

感谢以上的每个人，感谢他们对本书宗旨的理解。在所有的动物类群中，无脊椎动物至关重要，正是它们的存在让这个世界运转不息。愿这本书可以让我们铭记这一点。